建设工程快速识图与诀窍丛书

园林工程快速识图与诀窍

万　滨　主编

中国建筑工业出版社

图书在版编目（CIP）数据

园林工程快速识图与诀窍/万滨主编. —北京：
中国建筑工业出版社，2020.9
（建设工程快速识图与诀窍丛书）
ISBN 978-7-112-25697-6

Ⅰ. ①园… Ⅱ. ①万… Ⅲ. ①园林-工程制图-识图
Ⅳ. ①TU986.2

中国版本图书馆 CIP 数据核字（2020）第 241019 号

本书根据《房屋建筑制图统一标准》GB/T 50001—2017、《总图制图标准》GB/T
50103—2010、《建筑制图标准》GB/T 50104—2010、《风景园林制图标准》CJJ/T 67—
2015 等标准编写，主要包括园林工程识图基础、园林规划设计图识图诀窍、园林建筑施
工图识图诀窍、园林工程施工图识图诀窍以及园林工程识图实例。本书详细讲解了最新制
图标准、识图方法、步骤与诀窍，并配有丰富的识图实例，具有逻辑性、系统性强、内容
简明实用、重点突出等特点。

本书可供园林工程设计、施工等相关技术及管理人员使用，也可供园林工程相关专业
的大中专院校师生学习参考使用。

责任编辑：郭　栋
责任校对：张　颖

建设工程快速识图与诀窍丛书
园林工程快速识图与诀窍
万　滨　主编

*

中国建筑工业出版社出版、发行（北京海淀三里河路 9 号）
各地新华书店、建筑书店经销
霸州市顺浩图文科技发展有限公司制版
北京圣夫亚美印刷有限公司印刷

*

开本：787 毫米×1092 毫米　1/16　印张：10½　字数：259 千字
2020 年 12 月第一版　　2020 年 12 月第一次印刷
定价：**39.00** 元
ISBN 978-7-112-25697-6
（36022）

编 委 会

主　编　万　滨

参　编（按姓氏笔画排序）

　　　　王　旭　王　雷　曲春光　张吉娜

　　　　张　彤　张　健　庞业周　侯乃军

前言 | Preface

　　园林工程图是根据投影原理和有关园林专业知识，并按照国家颁布的有关标准和规范绘制的一种工程图样。园林工程图是园林设计师与园林工程技术人员进行交流、实施工程的图纸表达形式，是设计人员按国家规范及标准，经设计而成的技术语言，它直观地表达了设计人员的设计主题、设计思想、设计创意及各类技术指标与参数的应用，它是园林施工与管理的技术文件。人们通过读图可以形象地理解到设计者的设计意图和想象出其艺术效果。

　　本书根据《房屋建筑制图统一标准》GB/T 50001—2017、《总图制图标准》GB/T 50103—2010、《建筑制图标准》GB/T 50104—2010、《风景园林制图标准》CJJ/T 67—2015 等标准编写，主要包括园林工程识图基础、园林规划设计图识图诀窍、园林建筑施工图识图诀窍、园林工程施工图识图诀窍以及园林工程识图实例。本书详细讲解了最新制图标准、识图方法、步骤与诀窍，并配有丰富的识图实例，具有逻辑性、系统性强、内容简明实用、重点突出等特点。本书可供园林工程设计、施工等相关技术及管理人员使用，也可供园林工程相关专业的大中专院校师生学习参考使用。

　　由于编写经验、理论水平有限，难免有疏漏、不足之处，敬请读者批评指正。

目 录 | Contents

园林工程识图基础

1.1 园林工程制图标准有关规定

1.1.1 基本规定

（1）风景园林规划制图应为彩图；方案设计制图可为彩图；初步设计和施工图设计制图应为墨线图。

（2）标准图纸宜采用横幅，图纸图幅及图框尺寸应符合表 1-1 和图 1-1 的规定。

图纸图幅及图框尺寸（mm）　　　　　　　　　　表 1-1

尺寸代号 ＼ 截面	0 号图幅（A0）	1 号图幅（A1）	2 号图幅（A2）	3 号图幅（A3）	4 号图幅（A4）
$b \times l$	841×1189	594×841	420×594	297×420	210×297
c	10			5	
a	25				

注：b 为图幅短边的尺寸；l 为图幅长边的尺寸；c 为图幅线与图框边线的宽度；a 为图幅线与装订边的宽度。

（3）当图纸图界与比例的要求超出标准图幅最大规格时，可将标准图幅分幅拼接或加长图幅，加长的图幅应有一对边长与标准图幅的短边边长一致。

（4）制图应以专业地形图作为底图，底图比例应与制图比例一致。制图后底图信息应弱化，突出规划设计信息。

（5）图纸基本要素应包括：图题、指北针和风向玫瑰图、比例和比例尺、图例、文字说明、规划编制单位名称及资质等级、编制日期等。

（6）制图可用图线、标注、图示、文字说明等形式表达规划设计信息，图纸信息排列应整齐，表达完整、准确、清晰、美观。

（7）制图中的计量单位应使用国家法定计量单位；符号代码应使用国家规定的数字和字母；年份应使用公元年表示。

（8）制图中所用的字体应统一，同一图纸中文字字体种类不宜超过两种。应使用中文

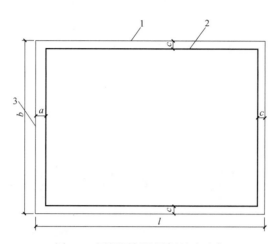

图 1-1　图纸图幅及图框尺寸示意

b—图幅短边的尺寸；l—图幅长边的尺寸；c—图幅线与图框边线的宽度；a—图幅线与装订边的宽度；

1—图幅线；2—图框边线；3—装订边

标准简化汉字。需加注外文的项目，可在中文下方加注外文，外文应使用印刷体或书写体等。中文、外文均不宜使用美术体。数字应使用阿拉伯数字的标准体或书写体。

1.1.2　风景园林规划制图

1. 图纸版式与编排

（1）规划图纸版式应符合下列规定：

1）应在图纸固定位置标注图题并绘制图标栏和图签栏，图标栏和图签栏可统一设置，也可分别设置。

2）图题宜横写，位置宜选在图纸的上方，图题不应遮盖图中现状或规划的实质内容。图题内容应包括：项目名称（主标题）、图纸名称（副标题）、图纸编号或项目编号。

3）除示意图、效果图外，每张图纸的图标栏内均应在固定位置绘制和标注指北针和风向玫瑰图、比例和比例尺、图例、文字说明等内容。

4）图签栏的内容应包括规划编制单位名称及资质等级、编绘日期等。规划编制单位名称应采用正式全称，并可加绘其标识徽记。

5）用于讲解、宣传、展示的图纸可不设图标栏或图签栏，可在图纸的固定位置署名。

（2）图纸编排顺序宜为：现状图纸、规划图纸，图纸顺序应与规划文本的相关内容顺序一致。

2. 图界

（1）图界应涵盖规划用地范围、相邻用地范围和其他与规划内容相关的范围。

（2）当用一张图幅不能完整地标出图界的全部内容时，可将原图中超出图框边以外的内容标明连接符号后，移至图框边以内的适当位置上，但其内容、方位、比例应与原图保持一致，并不得压占原图中的主要内容。

（3）当图纸按分区分别绘制时，应在每张分区图纸中绘制一张规划用地关系索引图，标明本区在总图或规划区中的位置和范围。

3. 指北针、风向玫瑰图、比例尺

（1）指北针与风向玫瑰图可一起标绘，也可单独标绘。当规划区域分成几个组团并有不同的风向特征时，应在相应的图上绘制各组团所在地的风向玫瑰图，或用文字标明该风向玫瑰图的适用地域。风向玫瑰图应以细实线绘制风频玫瑰图，以细虚线绘制污染系数玫瑰图。风频玫瑰图与污染系数玫瑰图应重叠绘制在一起。

（2）比例尺的制作应符合现行行业标准《城市规划制图标准》CJJ/T 97 的相关规定。城市绿地系统规划图纸的制图比例应与相应的城市总体规划图纸的比例一致。风景名胜区总体规划图纸的制图比例和比例尺应符合现行国家标准《风景名胜区总体规划标准》GB/T 50298—2018 中的相关规定。

4. 图线

（1）图纸中应用不同线型、不同颜色的图线表示规划边界、用地边界及道路、市政管线等内容。

（2）风景园林规划图纸图线的线型、线宽、颜色及主要用途应符合表 1-2 的规定。

风景园林规划图纸图线的线型、线宽、颜色及主要用途　　　表 1-2

名称	线型	线宽	颜色	主要用途
实线	▬▬▬▬▬▬	0.10b	C=67　Y=100	城市绿线
	▬▬▬▬▬▬	0.30b～0.40b	C=22　M=78　Y=57　K=6	宽度小于 8m 的风景名胜区车行道路
	▬▬▬▬▬▬	0.20b～0.30b	C=27　M=46　Y=89	风景名胜区步行道路
	▬▬▬▬▬▬	0.10b	K=80	各类用地边线
双实线	▬▬▬▬▬▬	0.10b	C=31　M=93　Y=100　K=42	宽度大于 8m 的风景名胜区道路
点画线	—·—·—· 或 —·—·—·	0.40b～0.60b	C=3　M=98　Y=100 或 K=80	风景名胜区核心景区界
	—·—·—· 或 —·—·—·	0.60b	C=3　M=98　Y=100 或 K=80	规划边界和用地红线
双点画线	—··—··— 或 —··—··—	b	C=3　M=98　Y=100 或 K=80	风景名胜区界
虚线	—— —— —— 或 ▬▬ ▬▬	0.40b	C=3　M=98　Y=100 或 K=80	外围控制区（地带）界
	▬▬ ▬▬ ▬▬	0.20b～0.30b	K=80	风景名胜区景区界、功能区界、保护分区界
	— — — —	0.10b	K=80	地下构筑物或特殊地质区域界

注：1　b 为图线宽度，视图幅以及规划区域的大小而定。

2　风景名胜区界、风景名胜区核心景区界、外围控制区（地带）界、规划边界和用地红线应用红色，当使用红色边界不利于突出图纸主体内容时，可用灰色。

3　图形颜色由 C（青色）、M（洋红色）、Y（黄色）、K（黑色）4 种印刷油墨的色彩浓度确定；图形颜色中字母对应的数值为色彩浓度百分值，表中缺省的油墨类型的色彩浓度百分值一律为 0。

5. 图例

（1）图纸中应标绘图例。图例由图形外边框、文字与图形组成，如图 1-2 所示。每张图纸图例的图形外边框、文字大小应保持一致。图形外边框应采用矩形，矩形高度可视图纸大小确定，宽高比宜为 2∶1～3.5∶1；图形可由色块、图案或数字代号组成，绘制在图形外边框的内部并居中。采用色块作为图形的，色块应充满图形外边框；文字应标注在图形外边框右侧，是对图形内容的注释。文字标注应采用黑体，高度不应超过图形外边框的高度。

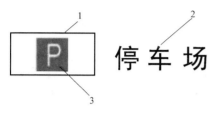

图 1-2　风景园林规划图图例
1—图形外边框；2—文字；3—图形

（2）制图时需要对所示图例的同一大类进行细分时，可在相应的大类图形中加绘方框，并在方框内加注细分的类别代号。

（3）城市绿地系统规划图纸中用地图例的图形、文字和图形颜色应符合表 1-3 的规定，图形分类应符合现行行业标准《城市绿地分类标准》CJJ/T 85—2017 中的相关规定。

城市绿地系统规划图纸中用地图例　　　　　　　　表 1-3

序号	图形	文字	图形颜色
1		公园绿地	C＝55　M＝6　Y＝77
2		生产绿地	C＝53　M＝8　Y＝53
3		防护绿地	C＝36　M＝15　Y＝54
4		附属绿地	C＝15　M＝4　Y＝36
5		其他绿地	C＝19　M＝2　Y＝23

注：图形颜色由 C（青色）、M（洋红色）、Y（黄色）、K（黑色）4 种印刷油墨的色彩浓度确定；图形颜色中字母对应的数值为色彩浓度百分值，表中缺省的油墨类型的色彩浓度百分值一律为 0。

（4）风景名胜区总体规划图纸中的用地分类、保护分类、保护分级图例应符合表 1-4 的规定。

风景名胜区总体规划图纸用地及保护分类、保护分级图例　　　　　　表 1-4

序号	图形	文字	图形颜色
1	用地分类		
1.1		风景游赏用地	C＝46　M＝7　Y＝57
1.2		游览设施用地	C＝31　M＝85　Y＝70

续表

序号	图形	文字	图形颜色
1.3		居民社会用地	C=4　M=28　Y=38
1.4		交通与工程用地	K=50
1.5		林地	C=63　M=20　Y=63
1.6		园地	C=31　M=6　Y=47
1.7		耕地	C=15　M=4　Y=36
1.8		草地	C=45　M=9　Y=75
1.9		水域	C=52　M=16　Y=2
1.10		滞留用地	K=15
2	保护分类		
2.1		生态保护区	C=52　M=11　Y=62
2.2		自然景观保护区	C=33　M=9　Y=27
2.3		史迹保护区	C=17　M=42　Y=44
2.4		风景恢复区	C=20　M=4　Y=39
2.5		风景游览区	C=42　M=16　Y=58
2.6		发展控制区	C=8　M=20
3	保护分级		
3.1		特级保护区	C=18　M=48　Y=36
3.2		一级保护区	C=16　M=33　Y=34

序号	图形	文字	图形颜色
3.3		二级保护区	C＝9　M＝17　Y＝33
3.4		三级保护区	C＝7　M＝7　Y＝23

注：1　根据图面表达效果需要，可在保持色系不变的前提下，适当调整保护分类及保护分级图形颜色色调。
　　2　图形颜色由 C（青色）、M（洋红色）、Y（黄色）、K（黑色）4 种印刷油墨的色彩浓度确定；图形颜色中字母对应的数值为色彩浓度百分值。表中缺省的油墨类型的色彩浓度百分值一律为 0。

（5）风景名胜区总体规划图纸景源图例应符合表 1-5 的规定。

风景名胜区总体规划图纸景源图例　　　　　　　　　　表 1-5

序号	景源类型	图形	文字	图形大小	图形颜色
1	人文		特级景源（人文）	外圈直径为 b	C＝5　M＝99　Y＝100　K＝1
2			一级景源（人文）	外圈直径为 0.9b	
3			二级景源（人文）	外圈直径为 0.8b	
4			三级景源（人文）	外圈直径为 0.7b	
5			四级景源（人文）	直径为 0.5b	
6	自然		特级景源（自然）	外圈直径为 b	C＝87　M＝29　Y＝100　K＝18
7			一级景源（自然）	外圈直径为 0.9b	
8			二级景源（自然）	外圈直径为 0.8b	
9			三级景源（自然）	外圈直径为 0.7b	
10			四级景源（自然）	直径为 0.5b	

注：1　图形颜色由 C（青色）、M（洋红色）、Y（黄色）、K（黑色）4 种印刷油墨的色彩浓度确定；图形颜色中字母对应的数值为色彩浓度百分值。
　　2　b 为外圈直径，视图幅以及规划区域的大小而定。

（6）风景名胜区总体规划图纸基本服务设施图例应符合表 1-6 的规定。

风景名胜区总体规划图纸基本服务设施图例   表 1-6

设施类型	图形	文字	图形颜色
服务基地	▢ ▦	旅游服务基地/综合服务设施点（注：左图为现状设施，右图为规划设施）	
旅行	P	停车场	C=91　M=67 Y=11　K=1
	🚌	公交停靠站	
	⚓	码头	
	🚠	轨道交通	
	🚲	自行车租赁点	
	↑	出入口	
游览	←	导示牌	C=71　M=26 Y=69　K=7
	🚻	厕所	
	🗑	垃圾箱	
	🌳	观景休息点	
	👮	公安设施	
	✚	医疗设施	
	👥	游客中心	

续表

设施类型	图形	文字	图形颜色
游览		票务服务	C＝71　M＝26 Y＝69　K＝7
		儿童游戏场	
饮食		餐饮设施	C＝27　M＝100 Y＝100　K＝31
住宿		住宿设施	
购物		购物设施	
管理		管理机构驻地	

注：图形颜色由C（青色）、M（洋红色）、Y（黄色）、K（黑色）4种印刷油墨的色彩浓度确定；图形颜色中字母对应的数值为色彩浓度百分值。

　　（7）图纸中城镇、行政区界及市政等专业的图例绘制应符合现行行业标准《城市规划制图标准》CJJ/T 97中的相关规定，因特殊需要而自行增加的图例的颜色、大小、图案，在同一项目中应统一。

　　（8）图例宜布置在每张图纸的相同位置，应排放有序。

6. 标注

　　（1）图纸中的定位标注应包括平面要素定位和竖向要素定位。定位要求应符合现行行业标准《城市规划制图标准》CJJ/T 97中的有关规定。风景名胜区规划图还应提供规划区范围的经纬度定位坐标。

　　（2）图纸中距离、长度、宽度的标注可按现行国家标准《房屋建筑制图统一标准》GB/T 50001—2017执行，标注单位应为米（m）或千米（km）。

7. 计算机制图要求

　　（1）计算机辅助规划制图的图层名称及颜色应符合表1-7的规定。在同一类别中当分到中类或小类时，可在大类图层编号后加注细分的类别代码。

计算机辅助规划制图的图层名称及颜色　　　　　　　　　　表1-7

类别名称	图层名称	颜色
地形底图	00	制图应以专业地形图作为底图,底图比例应与制图比例一致。制图后底图信息应弱化,突出规划设计信息
规划控制线及辅助线	K	应符合表1-2的规定
城市绿线	K3	
规划范围界线	K9	

类别名称	图层名称	颜色
风景名胜区规划分区	Q	
景区	Q1	
核心景区	Q2	
外围控制（保护）地带	Q3	
功能区	Q4	
保护区	Q5	
风景名胜区建设用地	H9	
游览设施用地	H91	
居民社会用地	H92	
交通与工程用地	H93	
风景名胜区非建设用地	E	应符合表1-4的规定
风景游赏用地	E0	
水域	E1	
林地	E21	
园地	E22	
耕地	E23	
草地	E24	
滞留用地	E9	
景源及服务设施	F	
景源	F1	
服务设施	F2	
城市绿地	G	应符合表1-3的规定
城市各类绿地	Gn	
标注及名称	Z	
幅面标注	Z1	
题图标注	Z2	C=93　M=88　Y=89　K=80
图标标注	Z3	
图例标注	Z4	

注：1. 图形颜色由C（青色）、M（洋红色）、Y（黄色）、K（黑色）4种印刷油墨的色彩浓度确定；图形颜色中字母对应的数值为色彩浓度百分值。

2. n为现行行业标准《城市绿地分类标准》CJJ/T 85—2017中各类绿地代码。

（2）计算机制图中的图纸电子文件名称应与图纸名称一致，并应按图纸序号编号。

1.1.3　风景园林设计制图

1. 图纸版式与编排

（1）方案设计图纸的基本版式和编排应符合1.1.2中1.的规定。

（2）初步设计和施工图设计的图纸应绘制图签栏，图签栏的内容应包括设计单位正式全称及资质等级、项目名称、项目编号、工作阶段、图纸名称、图纸编号、制图比例、技术责任、修改记录、编绘日期等。

（3）初步设计和施工图设计图纸的图签栏宜采用右侧图签栏或下侧图签栏，可按图1-3布局图签栏内容。

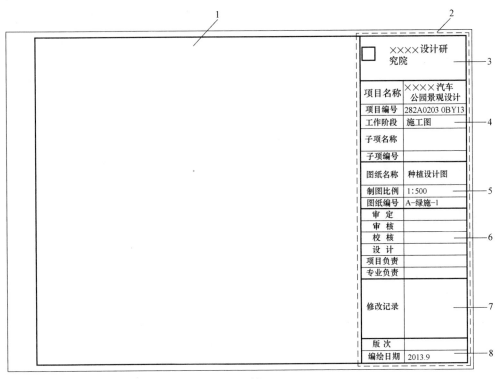

(a)

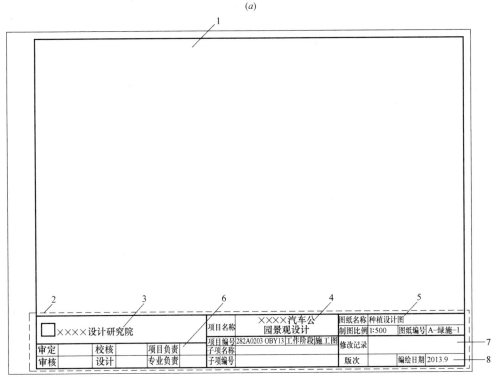

(b)

图 1-3　图签栏

（a）右侧图签栏；（b）下侧图签栏

1—绘图区；2—图签栏；3—设计单位正式全称及资质等级；4—项目名称、项目编号、工作阶段；

5—图纸名称、图纸编号、制图比例；6—技术责任；7—修改记录；8—编绘日期

（4）初步设计和施工图设计制图中，当按照规定的图纸比例一张图幅放不下时，应增绘分区（分幅）图，并应在其分图右上角绘制索引标示。

（5）初步设计和施工图设计的图纸编排顺序应为封面、目录、设计说明和设计图纸。

2. 比例

（1）方案设计图纸常用比例应符合表 1-8 的规定。

方案设计图纸常用比例   表 1-8

图纸类型	绿地规模（hm²）		
	≤50	＞50	异形超大
总图类（用地范围、现状分析、总平面、竖向设计、建筑布局、园路交通设计、种植设计、综合管网设施等）	1：50、1：1000	1：1000、1：2000	以整比例表达清楚或标注比例尺
重点景区的平面图	1：200、1：500	1：200、1：500	1：200、1：500

（2）初步设计和施工图设计图纸常用比例应符合表 1-9 的规定。

初步设计和施工图设计图纸常用比例   表 1-9

图纸类型	初步设计图纸常用比例	施工图设计图纸常用比例
总平面图（索引图）	1：500、1：1000、1：2000	1：200、1：500、1：1000
分区（分幅）图	—	可无比例
放线图、竖向设计图	1：500、1：1000	1：200、1：500
种植设计图	1：500、1：1000	1：200、1：500
园路铺装及部分详图索引平面图	1：200、1：500	1：100、1：200
园林设计、电气平面图	1：500、1：1000	1：200、1：500
建筑、构筑物、山石、园林小品设计图	1：50、1：100	1：50、1：100
做法详图	1：5、1：10、1：20	1：5、1：10、1：20

3. 图线

（1）设计图纸图线的线型、线宽及主要用途应符合表 1-10 的规定。

设计图纸图线的线型、线宽及主要用途   表 1-10

名称		线型	线宽	一般用途
实线	极粗	▬▬▬▬	2b	地面剖断线
	粗	———	b	1)总平面图中建筑外轮廓线、水体驳岸顶线 2)剖断线
	中粗	———	0.5b	1)构筑物、道路、边坡、围墙、挡土墙的可见轮廓线 2)立面图的轮廓线 3)剖面图未剖切到的可见轮廓线 4)道路铺装、水池、挡墙、花池、坐凳、台阶、山石等高差变化较大的线 5)尺寸起止符号

名称		线型	线宽	一般用途
实线	细	————————	0.25b	1)道路铺装、挡墙、花池等高差变化较小的线 2)放线网格线、图例线、尺寸线、尺寸界线、引出线、索引符号等 3)说明文字、标注文字等
	极细	————————	0.15b	1)现状地形等高线 2)平面、剖面中的纹样填充线 3)同一平面不同铺装的分界线
虚线	粗	- - - - - - -	b	新建筑物和构筑物的地下轮廓线,建筑物、构筑物的不可见轮廓线
	中粗	- - - - - - -	0.5b	1)局部详图外引范围线 2)计划预留扩建的建筑物、构筑物、铁路、道路、运输设施、管线的预留用地线 3)分幅线
	细	- - - - - - -	0.25b	1)设计等高线 2)各专业制图标准中规定的线型
单点画线	粗	—·—·—·—	b	1)露天矿开采界限 2)见各有关专业制图标准
	中	—·—·—·—	0.5b	1)土方填挖区零线 2)各专业制图标准中规定的线型
	细	—·—·—·—	0.25b	1)分水线、中心线、对称线、定位轴线 2)各专业制图标准中规定的线型
双点画线	粗	—··—··—	b	规划边界和用地红线
	中	—··—··—	0.5b	地下开采区塌落界限
	细	—··—··—	0.25b	建筑红线
折断线		—/\—	0.25b	断开线
波浪线		∼∼∼	0.25b	

注: b 为线条宽度,视图幅的大小而定,宜用 1mm。

(2)图线线宽为基本要求,可根据图面所表达的内容进行调整以突出重点。

4. 图例

(1)设计图纸常用图例应符合表 1-11 的规定。其他图例应符合现行国家标准《总图制图标准》GB/T 50103—2010 和《房屋建筑制图统一标准》GB/T 50001—2017 中的相关规定。

设计图纸常用图例　　　　　　　　　　　　　表 1-11

序号	名称	图形	说明
建筑			
1	温室建筑	[- - - - - - - -]	依据设计绘制具体形状
等高线			
2	原有地形等高线	∼∼∼	用细实线表达

续表

序号	名称	图形	说明
3	设计地形等高线		施工图中等高距值与图纸比例应符合如下的规定： 图纸比例 1：1000，等高距值 1.00m； 图纸比例 1：500，等高距值 0.50m； 图纸比例 1：200，等高距值 0.20m
山石			
4	山石假山		根据设计绘制具体形状，人工塑山需要标注文字
5	土石假山	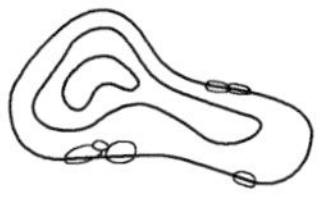	包括"土包石"、"石包土"及土假山，依据设计绘制具体形状
6	独立景石		依据设计绘制具体形状
水体			
7	自然水体		依据设计绘制具体形状，用于总图
8	规则水体	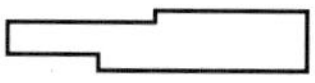	依据设计绘制具体形状，用于总图
9	跌水、瀑布	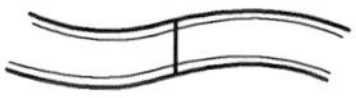	依据设计绘制具体形状，用于总图
10	旱涧		包括"旱溪"，依据设计绘制具体形状，用于总图
11	溪涧	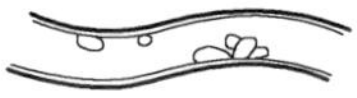	依据设计绘制具体形状，用于总图
绿化			
12	绿化	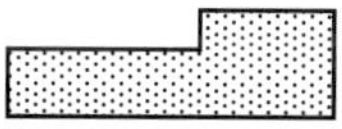	施工图总平面图中绿地不宜标示植物，以填充及文字进行表达
常用景观小品			
13	花架		依据设计绘制具体形状，用于总图
14	座凳	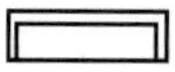	用于表示座椅的安放位置，单独设计的根据设计形状绘制，文字说明
15	花台、花池	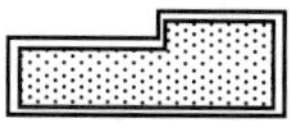	依据设计绘制具体形状，用于总图
16	雕塑	 雕塑 雕塑	
17	饮水台		仅表示位置，不表示具体形态，根据实际绘制效果确定大小；也可依据设计形态表示
18	标识牌	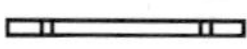	
19	垃圾桶		

（2）方案设计中的种植设计图应区分乔木（常绿、落叶）、灌木（常绿、落叶）、地被植物（草坪、花卉）。有较复杂植物种植层次或地形变化丰富的区域，应用立面或剖面图清楚地表达该区植物的形态特点。

（3）初步设计和施工图设计中种植设计图的植物图例宜简洁清晰，同时应标出种植点，并应通过标注植物名称或编号区分不同种类的植物。种植设计图中乔木与灌木重叠较多时，可分别绘制乔木种植设计图、灌木种植设计图及地被种植设计图。初步设计和施工图设计图纸的植物图例应符合表 1-12 的规定。

初步设计和施工图设计图纸的植物图例　　　　　　　　　表 1-12

序号	名称	图形			图形大小
		单株		群植	
		设计	现状		
1	常绿针叶乔木	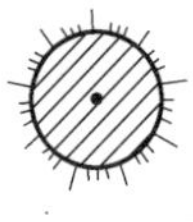	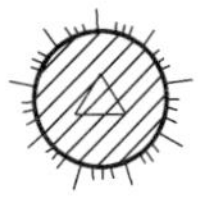		乔木单株冠幅宜按实际冠幅为 3～6m 绘制，灌木单株冠幅宜按实际冠幅为 1.5～3m 绘制，可根据植物合理冠幅选择大小
2	常绿阔叶乔木	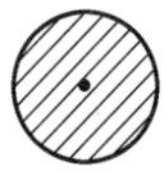	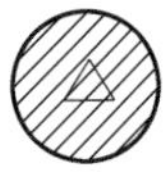		
3	落叶阔叶乔木				
4	常绿针叶灌木			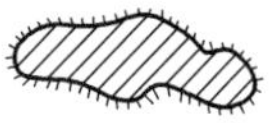	
5	常绿阔叶灌木			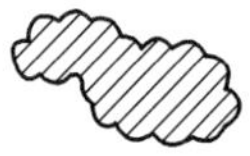	
6	落叶阔叶灌木				
7	竹类		—		单株为示意；群植范围按实际分布情况绘制，在其中示意单株图例
8	地被	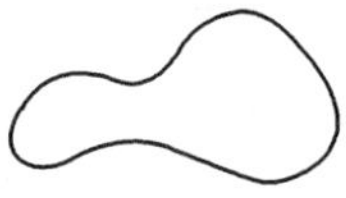			按照实际范围绘制
9	绿篱				

5. 标注

（1）初步设计和施工图设计图纸的标注应符合表 1-13 的规定。标注大小和其余标注方法应符合现行国家标准《房屋建筑制图统一标准》GB/T 50001—2017 中的相关规定。

初步设计和施工图设计图纸的标注　　　　表 1-13

序号	名称	标注	说明
1	设计等高线	------ 6.00 ------ ------ 5.00 ------ ------ 4.00 ------	等高线上的标注应顺着等高线的方向,字的方向指向上坡方向。标高以 m 为单位,精确到小数点后第 2 位
2	设计高程(详图)	5.000　　5.490 ▽　　或　　▼ 0.000 ▽　　(常水位)	标高以 m 为单位,注写到小数点后第 3 位;总图中标写到小数点后第 2 位;符号的画法见现行国家标准《房屋建筑制图统一标准》GB/T 50001
	设计高程(总图)	⊕ 6.30 (设计高程点) ○ 6.25 (现状高程点)	标高以 m 为单位,在总图及绿地中注写到小数点后第 2 位;设计高程点位为圆加十字,现状高程为圆
3	排水方向	⟶	指向下坡
4	坡度	i =6.5% ――――⟶ 40.00	两点坡度 两点距离
5	挡墙	5.000 ▽―――― (4.630)	挡墙顶标高 ―――― (墙底标高)

(2) 初步设计和施工图设计中种植设计图的植物标注方式应符合下列规定:

1) 单株种植的应表示出种植点,从种植点作引出线,文字应由序号、植物名称、数量组成,如图 1-4 所示;初步设计图可只标序号和树种。

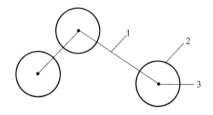

图 1-4　初步设计和施工图设计图纸中单株种植植物标注

1—种植点连线;2—种植图例;3—序号、树种和数量

2) 群植的可标种植点亦可不标种植点,如图 1-5 所示,从树冠线作引出线,文字应由序号、树种、数量、株行距或每平方米株数组成,序号和苗木表中序号相对应。

图 1-5　初步设计和施工图设计图纸中群植植物标注

1—序号、树种、数量、株行距

3）株行距单位应为米，乔灌木可保留小数点后 1 位；花卉等精细种植宜保留小数点后 2 位。

6. 符号

（1）剖切符号应符合下列规定：

1）剖视的剖切符号应由剖切位置线及剖视方向线组成，均应以粗实线绘制。

2）剖切位置线的长度宜为 6～10mm；剖视方向线应垂直于剖切位置线，长度应短于剖切位置线，宜为 4～6mm，也可采用国际统一和常用的剖视方法，如图 1-6 所示。

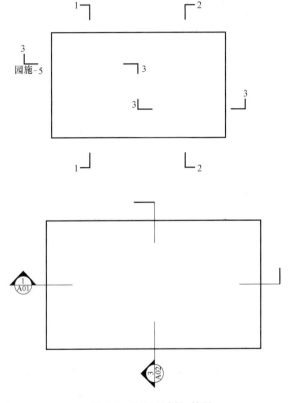

图 1-6　剖视的剖切符号

3）断面的剖切符号应只用剖切位置线表示，并应以粗实线绘制，长度宜为 6～10mm，如图 1-7 所示。

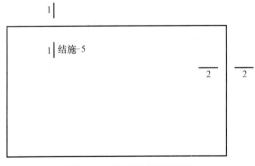

图 1-7　断面的剖切符号

4）剖切符号的编号宜采用粗阿拉伯数字，按剖切顺序由左至右、由下向上连续编排，并应注写在剖视方向线的端部或一侧，编号所在的一侧应为该剖切或断面的剖视方向；需要转折的剖切位置线，应在转角的外侧加注与该符号相同的编号。

5）当剖面图或断面图与被剖切图样不在同一张图时，应在剖切位置线的另一侧注明其所在图纸的编号，也可以在图上集中说明。

（2）索引符号与详图符号应符合下列规定：

1）图样中的某一局部或构件，如需另见详图，应以索引符号索引，如图 1-8 所示。

2）索引符号是由直径为 10mm 的圆和水平直径组成，圆及水平直径应以细实线绘制，如图 1-9 所示。

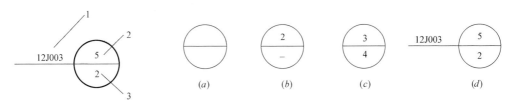

图 1-8　索引符号

1—引用标准图集编号；2—详图编号；
3—详图所在图纸编号，若在本图
画一条与编号字体等宽的水平细线

图 1-9　索引符号应用示例

3）索引符号如用于索引剖视详图，应在被剖切的部位绘制剖切位置线，并以引出线引出索引符号，引出线所在的一侧应为剖视方向，如图 1-10 所示。

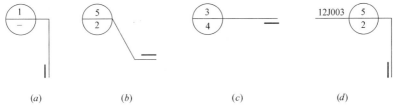

图 1-10　用于索引剖面详图的索引符号

4）详图的位置和编号，应以详图符号表示。详图符号的圆应以直径为 14mm 粗实线绘制。编号顺序第一级为数字，第二级为大写英文字母，第三级为小写英文字母，如图 1-11 所示。

（3）引出线应符合下列规定：

1）引出线应以细实线绘制，宜采用水平方向的直线、与水平方向成 30°、45°、60°、90°的直线，或经上述角度再折为水平线。文字说明宜注写在水平线的端部，如图 1-12（a）所示；索引详图的引出线，应与水平直径线相连接，如图 1-12（b）所示。

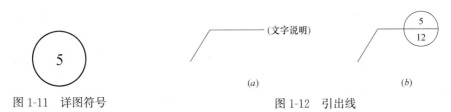

图 1-11　详图符号

图 1-12　引出线

2）多层构造共用引出线，应通过被引出的各层，并用圆点示意对应各层次。文字说明宜注写在水平线的端部，说明的顺序应由上至下，并应与被说明的层次对应一致；如层次为横向排序，则由上至下的说明顺序应与由左至右的层次对应一致，如图 1-13 所示。

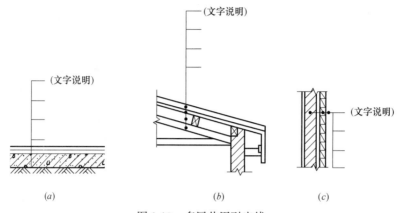

图 1-13　多层共用引出线

（4）其他符号应符合下列规定：

1）对称符号由对称线和两端的两对平行线组成，如图 1-14 所示。对称线用细单点长画线绘制；平行线用细实线绘制，其长度宜为 6～10mm，每对的间距宜为 2～3mm；对称线垂直平分于两对平行线，两端超出平行线宜为 2～3mm。

2）指北针的形状应为圆形，内绘制指北针，如图 1-15 所示；圆的直径宜为 24mm，用细实线绘制；指针尾部的宽度宜为 3mm，指针头部应注"北"或"N"字。需用较大直径绘制指北针时，指针尾部的宽度宜为直径的 1/8。

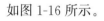

图 1-14　对称符号

3）对图纸中局部变更部分宜采用云线，并宜注明修改版次，如图 1-16 所示。

图 1-15　指北针

图 1-16　变更云线

注：1 为修改版次。

7. 计算机制图要求

（1）初步设计及施工图设计的计算机图纸文件命名应符合现行国家标准《房屋建筑制图统一标准》GB/T 50001—2017 中的相关规定，可采用中文命名和英文命名两种形式，如图 1-17 所示。文件命名宜在学科领域代码（L）之后由工作类型、图纸类型序号、用户自定义三个部分依次构成。

（2）风景园林常用设计阶段代码应符合表 1-14 的规定。

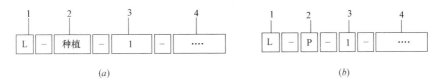

图 1-17　文件命名示例

（a）中文命名；（b）英文命名

1—学科领域代码；2—工作类型；3—图纸类型序号；4—用户自定义

常用设计阶段代码　　　　　　　　　　　表 1-14

设计阶段	阶段代码中文名称	阶段代码英文名称
方案设计	方	C
初步设计	初	P
施工图设计	施	W

（3）计算机制图规则应符合现行国家标准《房屋建筑制图统一标准》GB/T 50001—2017 中的相关规定。

1.2　投影与投影图

1.2.1　投影的概念与分类

1. 投影的概念

物体在光线的照射下，会在地面或墙面上产生影子。该影子往往只能反映物体的简单轮廓，不能反映其真实大小和具体形状。工程制图利用了自然界的这种现象，将其进行了科学的抽象和概括：假设所有物体都是透明体，光线能够穿透物体，那么，采用这种方法得到的影子将反映物体的具体形状，即投影。如图 1-18 所示。

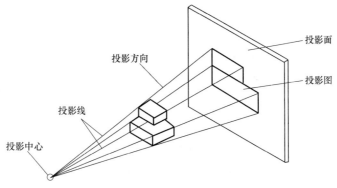

图 1-18　投影图的形成

2. 投影的分类

通常，可以将投影分为以下两大类：

（1）中心投影　中心投影是指由一点发出投影线所形成的投影，如图1-19所示。

（2）平行投影　物体在平行的投影线（当投影中心无限远时）照射下所形成的投影称为平行投影，如图1-20所示。根据平行的投影线与投影面是否垂直，平行投影又可分为以下两种：

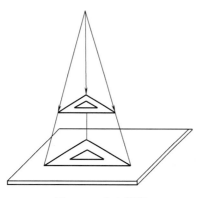

图1-19　中心投影

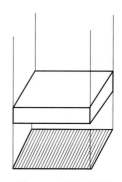

图1-20　平行投影

1）斜投影：平行的投影线与投影面斜交所形成的投影称为斜投影，如图1-21所示。园林制图中，运用斜投影的原理可以绘制斜轴测投影图。

2）正投影：平行的投影线与投影面垂直相交所形成的投影称为正投影，如图1-22所示。园林制图中，运用正投影的原理可以绘制形体的三面正投影图和正轴测投影图等。

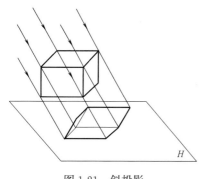

图1-21　斜投影

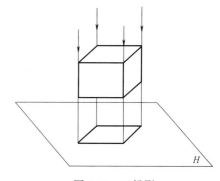

图1-22　正投影

一般的园林工程图纸，通常是按照正投影的原理绘制的。例如，常用的平面图、立面图等。因此，正投影的原理是园林工程制图的主要绘图原理。

1.2.2　正投影的基本规律

任何形体都是由点、线、面组成的。因此，研究形体的正投影规律，可以从分析点、线、面的正投影的基本规律入手。

1. 点、线、面的正投影

（1）点的正投影规律　点的正投影仍为一点，如图1-23所示。

图1-23　点的正投影

（2）直线的正投影规律

1）当直线平行于投影面时，其投影仍为直线且反映实长，$AB=ab$，如图 1-24（a）所示。

2）当直线垂直于投影面时，其投影积聚为一点，如图 1-24（b）所示。

3）当直线倾斜于投影面时，其投影仍为直线，但是其长度缩短，$ab<AB$，如图 1-24（c）所示。

4）直线上一点的投影，必在该直线的投影上，如图 1-24（b）所示中，C 在 AB 上，则 C 的投影 c 必在 AB 的投影 ab 上。

5）一点分直线为两线段，则两线段之比等于两线段投影之比，如图 1-24（a）、（c）所示 $ac:ab=AC:AB$。

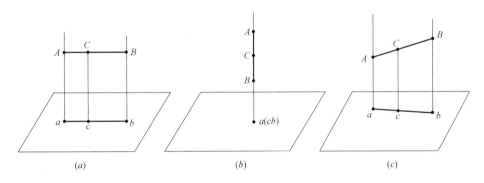

图 1-24　直线的正投影

（a）直线平行于投影面；（b）直线垂直于投影面；（c）直线倾斜于投影面

（3）平面的正投影规律

1）当平面平行于投影面时，其投影仍为平面，并能够反映其真实形状，即形状、大小不变，如图 1-25（a）所示，$S(ABCD)=S(abcd)$。

2）当平面垂直于投影面时，其投影积聚为一条直线，如图 1-25（b）所示。

3）当平面倾斜于投影面时，其投影仍为平面，但面积缩小，如图 1-25（c）所示，$S(abcd)<S(ABCD)$。

4）平面上任意一条直线的投影，必在该平面的投影上，如图 1-25（a）、（c）所示，直线 EF 在平面 $ABCD$ 上，则 ef 必定在平面 $abcd$ 上。

5）平面上任意一条直线分平面的面积比均等于其投影所分面积比，如图 1-25（a）、（c）所示，$S(ABFE):S(ABCD)=S(abfe):S(abcd)$。

2. 正投影的基本规律

（1）真实性　当直线线段或平面图形平行于投影面时，其投影反映实长或实形。

（2）积聚性　当直线或平面平行于投影线时（或垂直于投影面），其投影积聚为一点或一条直线。

（3）类似性　当直线或平面倾斜于投影面同时又不平行于投影线时，其投影小于实长或不反映实形，但与原形相类似。

（4）平行性　互相平行的两直线在同一投影面上的投影仍旧保持平行。

（5）从属性　若点在直线上，则点的投影必定在其直线的投影上。

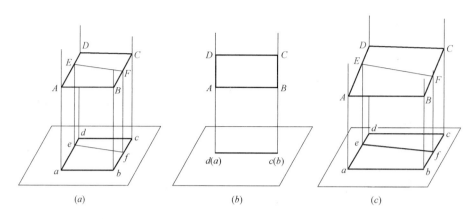

图 1-25　平面的正投影

（a）平面平行于投影面；（b）平面垂直于投影面；（c）平面倾斜于投影面

（6）定比性　直线上任意一点所分直线线段的长度之比均等于它们的投影长度之比；两平行线段的长度之比等于它们没有积聚性的投影长度之比。

1.2.3　三面正投影图

图 1-26（a）所示中的空间里有三个不同的形体，它们在同一个投影面 H 的投影却是相同的。因此，在正投影中，形体在一个投影面内的投影，一般是不能真实反映空间物体的形状和大小。在图 1-26（b）中，形体 A 用两个投影还不能唯一确定它的形状，因为形体 A 与形体 B 的 H、V 面投影相同。这意味着用形体 A 的 H、V 面投影来确定它的形状是不够的。从图 1-26（c）所示中可以看出，形体 A 的 H、V、W 投影所确定的形体是唯一的，不可能是 B、C 或其他。

1. 三面正投影图的建立

通过上述分析可知，对于空间物体，需要三面投影才能准确而全面地表达出它的形状和大小。如图 1-27（a）所示，H、V、W 面组成三面投影体系，三个互相垂直的投影面中，水平放置的投影面 H，称为水平投影面；正对观察者的投影面 V，称为正立投影面；右面侧立的投影面 W，称为侧立投影面。这三个投影面分别两两相交，交线称为投影轴。其中，H 面与 V 面的交线称为 OX 轴；H 面与 W 面的交线称为 OY 轴；V 面与 W 面的交线称为 OZ 轴。不难看出，OX 轴、OY 轴、OZ 轴是三条相互垂直的投影轴。三个投影面或三个投影轴的交点 O，称为原点。将形体放置于三面投影体系中，按正投影原理向各投影面投影，即可得到形体的水平投影（或 H 投影）、立面投影（或 V 投影）、侧面投影（或 W 投影），如图 1-27（b）所示。

2. 三面正投影的展开

按照上述方法在三个互相垂直的投影面中画出形体的三面投影图，分别在 H 面、V 面、W 面三个平面上。为了方便作图和阅读图样，实际作图时需将形体的三个投影表现在同一平面上，这就需要将三个互相垂直的投影面展开在一个平面上，即三面投影图的展开。展开三个投影面时，规定正立投影面 V 固定不动，将水平投影面 H 绕 OX 轴向下旋转 90°，将侧立投影面 W 绕 OZ 轴旋转 90°，如图 1-28（b）所示。这样，三个投影面位于

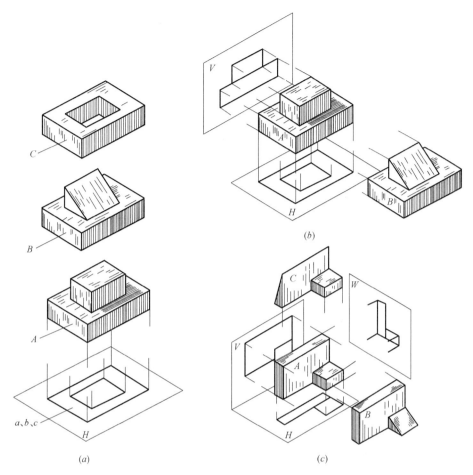

图 1-26 三面投影的必要性

（a）形体的一面投影；（b）两面投影；（c）三面投影

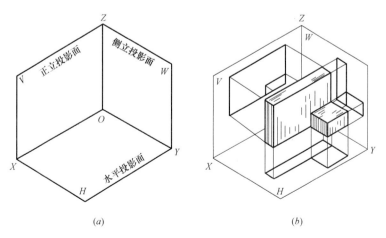

图 1-27 三面投影

（a）三面投影体系；（b）三面投影的建立

一个平面上，形体的三个投影也就位于一个平面上。

三个投影面展开后，三条投影轴成为两条垂直相交的直线，原 OX 轴、OZ 轴位置不变，原 OY 轴则被一分为二，一条随 H 面转到与 OZ 轴在同一铅垂线上，标注为 OY_H；另一条随 W 面转到与 OX 轴在同一水平线上，标注为 OY_W 以示区别，如图 1-28（c）所示。

由 H 面、V 面、W 面投影组成的投影图，称为形体的三面投影图，如图 1-28（c）所示。

投影面是假想的且无边界，所以在作图时可以不画其外框，如图 1-28（d）所示。在园林工程图纸上，投影轴也可以不画。不画投影轴的投影图，称为无轴投影，如图 1-29 所示。

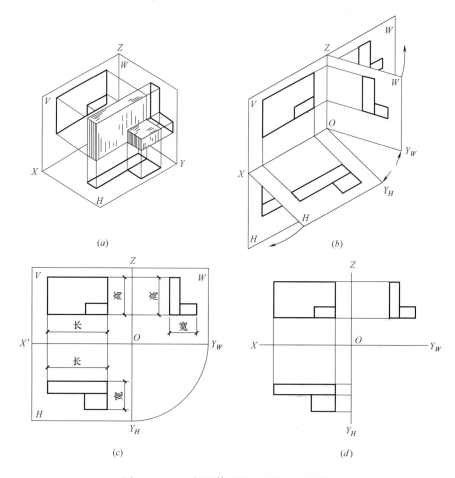

图 1-28 三面投影体系的展开与三面投影

（a）直观图；（b）展开图；（c）投影图（有外框）；（d）投影图（无外框）

3. 三面正投影的规律

（1）三面投影的位置关系 以正面投影为基准，水平投影位于其正下方，侧面投影位于正右方，如图 1-28（c）所示。

（2）三面投影的"三等"关系 我们把 OX 轴向尺寸称为"长"，OY 轴向尺寸称为

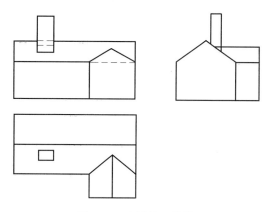

图 1-29　房屋的正投影

"宽"，OZ 轴向尺寸称为"高"。从图 1-28（*c*）中可以看出，水平投影反映形体的长与宽，正面投影反映形体的长与高，侧面投影反映形体的宽与高。因为三个投影表示的是同一形体，所以无论是整个形体，或者是形体的某一部分，它们之间必然保持下列联系，即"三等"关系：水平投影与正面投影等长并且要对正，即"长对正"；正面投影与侧面投影等高并且要平齐，即"高平齐"；水平投影与侧面投影等宽，即"宽相等"。

　　（3）三面投影与形体的方位关系　形体对投影面的相对位置一经确定后，形体的前后、左右、上下的方位关系就反映在三面投影图上。由图 1-30 中可以看出，水平投影反映形体的前后和左右的方位关系；正面投影反映形体的左右和上下的方位关系；侧面投影反映形体的前后和上下的方位关系。

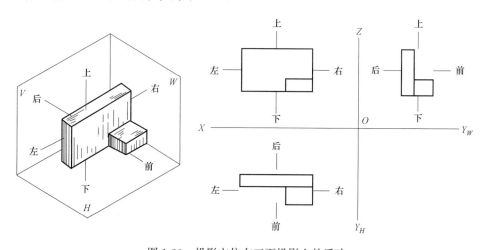

图 1-30　投影方位在三面投影上的反映

1.2.4　组合体投影图

1. 组合体的组合形式

　　根据基本形体的组合方式的不同，通常可以将组合体分为叠加式、切割式和混合式三种。

　　（1）叠加式组合体　叠加式组合体是指组合体的主要部分是由若干个基本形体叠加而

成为一个整体。如图 1-31 所示，立体由三部分叠加而成，A 为一水平放置的长方体，B 是一个竖立在正中位置的四棱柱，C 为四块支撑板。

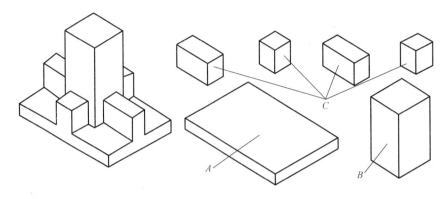

图 1-31　叠加型组合体

（2）切割式组合体　切割式组合体是指从一个基本形体上切割去若干基本形体而形成的组合体。如图 1-32 所示，可以将该组合体看作是在一长方体 A 的左上方切去一个长方体 B；然后，再在它的上中方切除长方体 C 而形成的。

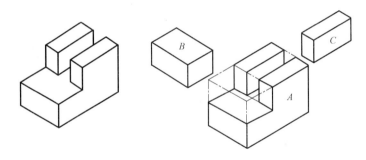

图 1-32　切割式组合体

（3）混合式组合体　混合式组合体是指既有叠加又有切割而形成的几何体，如图 1-33 所示。

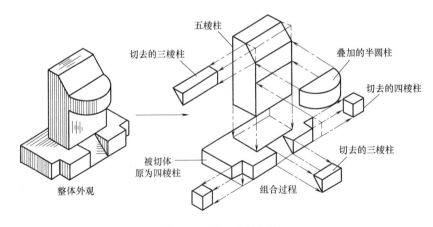

图 1-33　混合式组合体

2. 组合体投影图的画法

（1）形体分析　　形体分析法是指把一个复杂形体分解成若干基本形体或简单形体的方法。形体分析法是画图、读图和标注尺寸的基本方法。

如图 1-34（a）所示为一室外台阶，可以将其看成是由边墙、台阶和边墙三大部分组成，如图 1-34（b）所示。

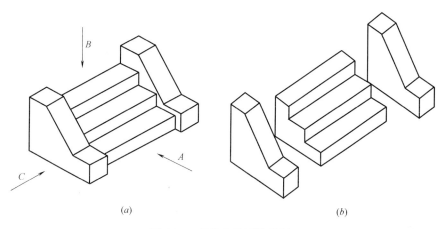

图 1-34　室外台阶形体分析

如图 1-35（a）所示是一肋式杯形基础，可以将其看成由底板、中间挖去一楔形块的四棱柱和六块梯形肋板组成，如图 1-35（b）所示。

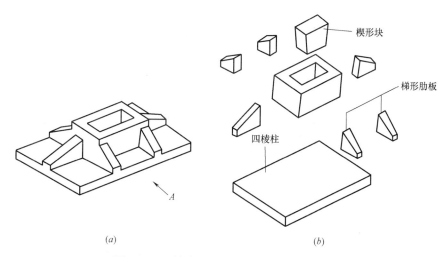

图 1-35　室外台阶和肋式杯形基础形体分析

画组合体的投影图时，必须正确表示各基本形体之间的表面连接。形体之间的表面连接可归纳为以下四种情况（图 1-36）：

1）两形体表面相交时，两表面投影之间应画出交线的投影。

2）两形体的表面共面时，两表面投影之间不应画线。

3）两形体的表面相切时，由于光滑过渡，两表面投影之间不应画线。

4）两形体的表面不共面时，两表面投影之间应有线分开。

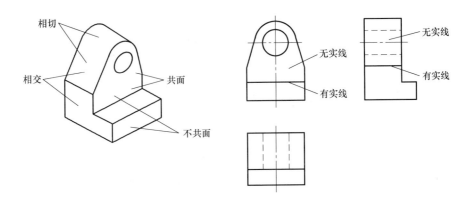

图 1-36　形体之间的表面连接

（2）选择投射方向　投影图选择主要包括：确定物体的安放位置、选择正面投影及确定投影图数量等。

1）确定安放位置：首先要使形体处于稳定状态，然后考虑形体的工作状况。为了作图方便，应尽量使形体的表面平行或垂直于投影面。

2）选择正面投影：由于正立面图是表达形体的一组视图中最主要的视图［图 1-34（a）的 A 向］，因此，在视图分析的过程中应对其作重点考虑。其选择的原则为：

① 应使正面投影尽量反映出物体各组成部分的形状特征及其相对位置；

② 应使视图上的虚线尽可能少一些；

③ 应合理利用图纸的幅面。

3）确定投影图数量：应采用较少的投影图将物体的形状完整、清楚、准确地表达出来。

（3）画图步骤

1）选取画图比例，确定图幅。

2）布图，画基准线。

3）绘制视图的底稿：根据物体投影规律，逐个画出各基本形体的三视图。其具体画图的顺序应为：一般先画实形体，后画虚形体（挖去的形体）；先画大形体后画小形体；先画整体形状，后画细节形状。

4）检查，描深：检查无误后，可按规定的线型进行加深，如图 1-37 所示。

3. 组合体的尺寸标注

组合体的尺寸标注，需首先进行形体分析，确定要反映到投影图上的基本形体及尺寸标注要求。此外，还必须掌握合理的标注方法。

以下是以台阶为例说明组合体尺寸标注的方法和步骤（图 1-38）：

（1）标注总体尺寸　首先，标注图中①、②和③三个尺寸，它们分别为台阶的总长、总宽和总高。在建筑设计中，它们是确定台阶形状的最基本也是最重要的尺寸，因此应首先标出。

（2）标注各部分的定形尺寸　图中，④、⑤、⑥、⑦、⑧、⑨均为边墙的定形尺寸，⑩、⑪、⑫为踏步的定形尺寸。而尺寸②、③既是台阶的总宽、总高，也是边墙的宽和

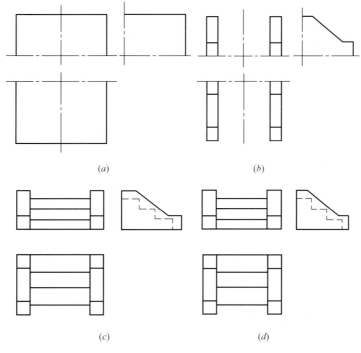

图 1-37 画图步骤

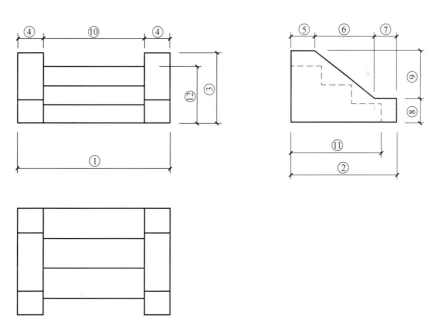

图 1-38 组合体尺寸标注举例

高，故在此不必重复标注。由于台阶踏步的踏面宽和梯面高是均匀布置的，因此，其定形尺寸亦可采用踏步数×踏步宽（或踏步数高×梯面高）的形式，即图中尺寸⑪可标成 3×280＝840，⑫也可标为 3×150＝450。

（3）标注各部分间的定位尺寸　台阶各部分间的定位尺寸均与定形尺寸重复。尺寸⑩

既是边墙的长，也是踏步的定位尺寸。

（4）检查、调整　由于组合体形体通常比较复杂，且上述三种尺寸间多有重复，因此，此项工作尤为重要。通过检查补其遗漏，除其重复。

1.2.5　投影图的识读

读图是根据形体的投影图，运用投影原理和特性，对投影图进行分析，想象出形体的空间形状。识读投影图的方法主要有以下两种：

1. 形体分析法

形体分析法是根据基本形体的投影特性，在投影图上分析组合体各组成部分的形状和相对位置，然后综合起来想象出组合形体的形状。

2. 线面分析法

线面分析法是以线和面的投影规律为基础，根据投影图中的某些棱线和线框，分析它们的形状和相互位置，从而想象出它们所围成形体的整体形状。

采用线面分析法时，必须要先掌握投影图上线和线框的含义，方能结合起来综合分析，想象出物体的整体形状。投影图中的图线（直线或曲线）代表的含义主要有以下几点：

（1）形体的一条棱线，即形体上两相邻表面交线的投影；

（2）与投影面垂直的表面（平面或曲面）的投影，即为积聚投影；

（3）曲面的轮廓素线的投影；

投影图中的线框代表的含义主要有以下几点：

（1）形体上某一平行于投影面的平面的投影；

（2）形体上某平面类似性的投影（即平面处于一般位置）；

（3）形体上某曲面的投影；

（4）形体上孔洞的投影。

3. 投影图阅读步骤

阅读图纸的顺序通常为：先外形，后内部；先整体，后局部；最后，由局部回到整体，综合想象出物体的形状。读图的方法通常以形状分析法为主，线面分析法为辅。

阅读投影图时应按照以下步骤进行：

（1）从最能反映形体特征的投影图入手，一般以正立面（或平面）投影图为主，粗略分析形体的大致形状和组成。

（2）结合其他投影图阅读，正立面图与平面图对照，三个视图联合起来，运用形体分析和线面分析法，形成立体感，综合想象，得出组合体的全貌。

（3）结合详图（剖面图、断面图），综合各投影图，想象整个形体的形状与构造。

1.3　工程形体表达

1.3.1　视图

工程上把表达建筑形体的投影图称为视图。一般来讲，用三面视图及尺寸标注就可以表达出建筑形体的形状、大小和结构。但是，有些形体的形状和结构比较复杂，仅用三面视图无法将它们的形状完整、清晰地表达出来。为此，国家制图标准中规定了多种表达方法，画图时可根据具体情况适当选用。

1. 基本视图

用正投影法在三个投影面（*V*、*H*、*W*）上获得形体的三面投影图，在工程上叫作三视图。其中，正面投影叫作主视图，水平投影叫作俯视图，侧面投影叫作侧视图。从投影理论上讲，形体的形状一般用三面投影均可表示。三视图的排列位置以及它们之间的三等关系如图 1-39 所示。所谓三等关系，即主视图和俯视图反映形体的同一长度，主视图和左视图反映形体的同一高度，俯视图和左视图反映形体的同一宽度。也就是：长对正、高平齐、宽相等。

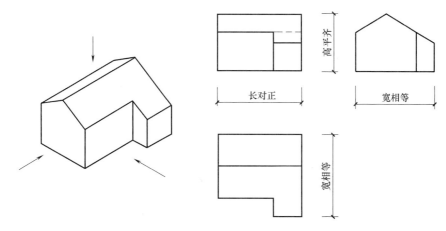

图 1-39　三视图

但是，当形体的形状比较复杂时，它的六个面的形状都可能不相同。若单纯用三面投影图表示则看不见的部分在投影中都要用虚线表示，这样在图中各种图线易于密集、重合，不仅影响图面清晰，有时也会给读图带来困难。为了清晰、准确地表达形体的六个面，标准规定在三个投影面的基础上，再增加三个投影面组成一个正方形立体。构成正方形的六个投影面，称为基本投影面。

把形体放在正立方体中，将形体向六个基本投影面投影，可得到六个基本视图。这六个基本视图的名称是：从前向后投射得到主视图（正立面图），从上到下投射得到俯视图（平面图），从左向右投射得到左视图（左侧立面图），从右向左投射得到右视图（右侧立面图），从下到上投射得到仰视图（底面图），从后向前投射得到后视图（背立面图），如图 1-40 所示。

六个投影面的展开方法是正投影面保持不动，其他各个投影面逐步展开到与正投影面在同一个平面上。

当六个基本视图按展开后的位置（图 1-41）配置时，一律不标注视图的名称。

六面投影图的投影对应关系是：

（1）六视图的度量对应关系仍保持"三等关系"，即主视图、后视图、左视图、右视图高度相等；主视图、后视图、俯视图、仰视图长度相等；左视图、右视图、俯视图、仰视图宽度相等。

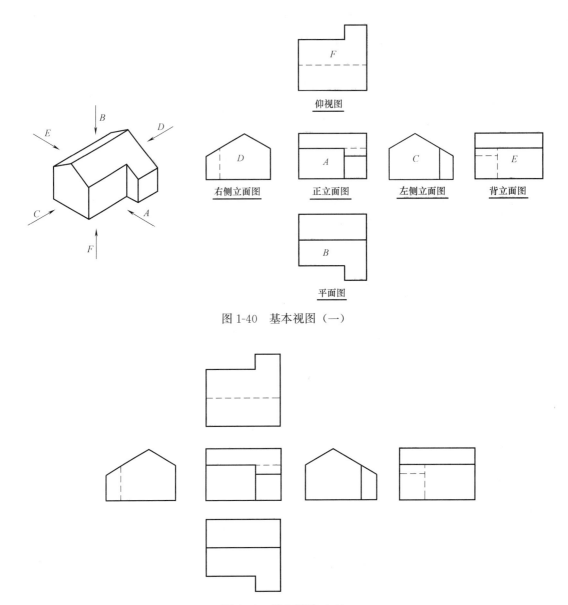

图 1-40　基本视图（一）

图 1-41　基本视图（二）

（2）六视图的方位对应关系除后视图外，其他视图在远离主视图的一侧，仍表示形体的前面部分。

没有特殊情况，一般应优先选用正立面图、平面图和左侧立面图。

2. 辅助视图

（1）向视图　将形体从某一方向投射所得到的视图称为向视图。向视图是可自由配置的视图。根据专业的需要，只允许从以下两种表达方式中选择其一。

1）若六视图不按上述位置配置时，也可用向视图自由配置。即在向视图的上方用大写拉丁字母标注，同时在相应视图的附近用箭头指明投射方向，并标注相同的字母，如图1-42所示。

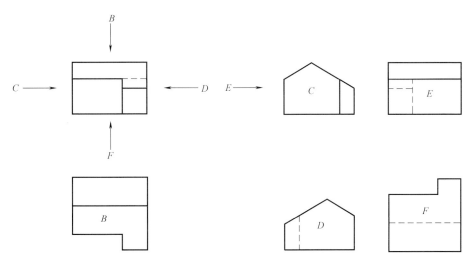

图 1-42　基本视图（三）（按向视图配置）

2）在视图下方（或上方）标注图名。标注图名的各视图的位置应根据需要和可能，按相应的规则布置，如图 1-43 所示。

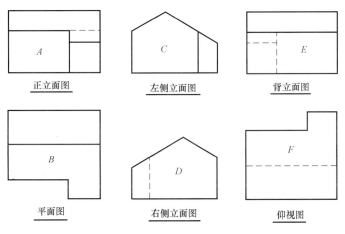

图 1-43　基本视图（四）

（2）局部视图　如果形体主要形状已在基本视图上表达清楚，只有某一部分形状尚未表达清楚。这时，可将形体的某一部分向基本投影面投影，所得到的视图称为局部视图，如图 1-44 所示。

读局部视图时，应注意以下几点。

1）局部视图可按基本视图的配置形式配置，也可按向视图的配置形式配置。

2）标注的方式是用带字母的箭头指明投射方向，并在局部视图上方用相同字母注明视图名称，如图 1-44 所示。

3）局部视图的周边范围用波浪线表示，如图 1-44（a）所示；但若表示的局部结构是完整的，且外形轮廓又是封闭的，则波浪线可省略不画，如图 1-44（b）所示。

（3）斜视图　当形体的某一部分与基本投影面成倾斜位置时，基本视图上的投影则不

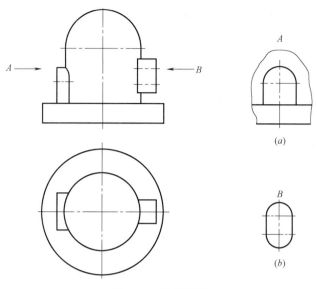

图 1-44　局部视图

能反映该部分的真实形状。这时，可设立一个与倾斜表面平行的辅助投影面且垂直于 V 面，并对着此投影面投影，则在该辅助投影面上得到反映倾斜部分真实形状的图形。像这样将形体向不平行基本投影面的投影面投影所得到的视图，称为斜视图，如图 1-45 所示。

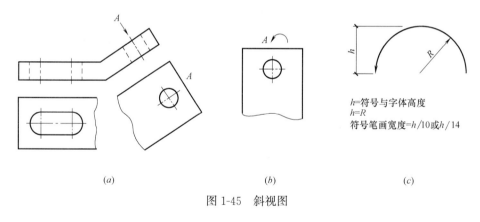

h=符号与字体高度
$h=R$
符号笔画宽度=$h/10$ 或 $h/14$

　　　　　(a)　　　　　　　　　　　　　(b)　　　　　　　　　　(c)

图 1-45　斜视图

读斜视图时，应注意下列几点：

1）斜视图通常按向视图的配置形式配置并标注。即用大写拉丁字母及箭头指明投射方向，且在斜视图上方用相同字母注明视图的名称，如图 1-45（a）所示。

2）斜视图只要求表达倾斜部分的局部形状，其余部分不必画出，可用波浪线表示其断裂边界。

3）必要时，允许将斜视图旋转配置。表示该视图的大写拉丁字母应靠近旋转符号的箭头端，如图 1-45（b）所示。旋转符号的尺寸和比例如图 1-45（c）所示。

（4）镜像视图　某些工程构造用上述方法不易表达时，可用镜像投影法绘制。采用镜像投影法绘制的视图称为镜像视图，但应在图名后注写"镜像"两字，如图 1-46（b）所示。也可按图 1-46（c）所示方法，画出镜像投影画法识别符号。

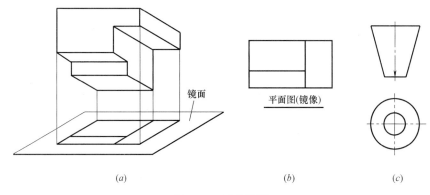

(a)　　　　　　　　　　(b)　　　　　　　(c)

图 1-46　镜像视图

1.3.2　剖面图

1. 剖面图的形成

假想用一个剖切平面在形体的适当位置将形体剖切，移去介于观察者和剖切平面之间的部分，对剩余部分向投影面所做的正投影图，称为剖切面，简称剖面。剖切面通常为投影面平行面或垂直面。

以某台阶剖面图来说明剖面图的形成，如假想用一平行于 W 面的剖切平面 P 剖切此台阶，如图 1-47 所示；并移走左半部分，将剩下的右半部分向 W 面投射，即可得到该台阶的剖面图，如图 1-48 所示。为了在剖面图上明显地表示出形体的内部形状，根据规定，在剖切断面上应画出建筑材料符号，以区分断面（剖到的）与非断面（未剖到的）。图 1-48 所示的断面上是混凝土材料。在不需指明材料时，可以用平行且等距的 45°细斜线来表示断面。

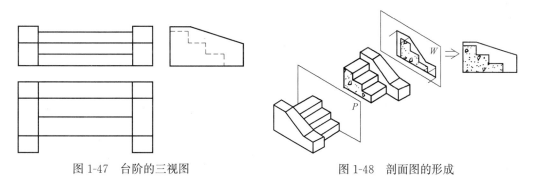

图 1-47　台阶的三视图　　　　　　　图 1-48　剖面图的形成

2. 剖面图的种类

（1）按剖面位置分类　按剖切位置，可以将剖面图分为以下两种：

1）水平剖面图。水平剖面图是指当剖切平面平行于水平投影面时所得的剖面图。

2）垂直剖面图。垂直剖面图是指当剖切平面垂直于水平投影面所得到的剖面图，如图 1-49 所示，两者均为垂直剖面图。

（2）按剖切面的形式分类　按剖切面的形式，可以将剖切面分为以下几种：

1）全剖面图。全剖面图是指采用一个剖切平面将形体全部剖开后所画的剖面图。如

图 1-49 所示两个剖面为全剖面图，1—1 剖面为纵向剖面图，2—2 剖面为横向剖面图。

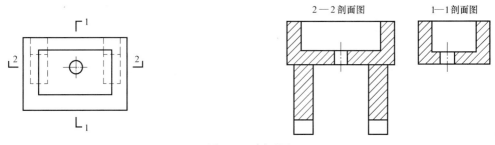

图 1-49　剖面图

2）半剖面图。当物体的投影图和剖面图都是对称图形时，可采用半剖的表示方法，如图 1-50 所示。图中，投影图与剖面图各占一半。

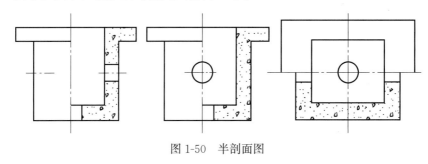

图 1-50　半剖面图

3）阶梯剖面图。阶梯剖面图是指用阶梯形平面剖切形体后得到的剖面图，如图 1-51 所示。

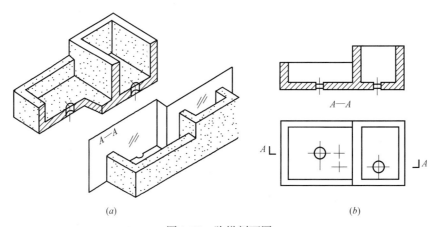

(a)　　　　　　　　　　　　　　　　(b)

图 1-51　阶梯剖面图

4）局部剖面图。局部剖面图是指形体局部剖切后所画的剖面图，如图 1-52 所示。

1.3.3　断面图

1. 断面图的形成

断面图是指假想用剖切平面将物体剖切后，只画出剖切平面切到部分的图形。对于某些单一的杆件或需要表示某一局部的截面形状时，可以只画出断面图，如图 1-53 所示。

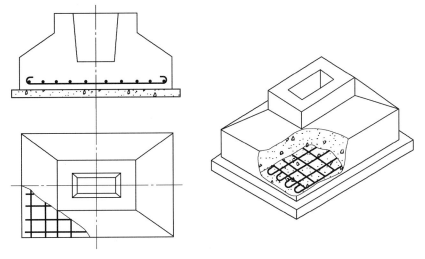

图 1-52 局部剖面图

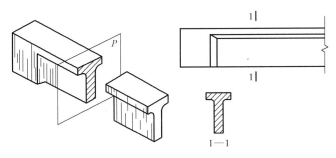

图 1-53 断面图

2. 断面图的种类

（1）移出断面图　移出断面图是指画在投影图外面的断面图。移出断面图可以画在剖切线的延长线上、视图中断处或其他适当的位置。

在绘制移出断面图时，应注意以下几点：

1）移出断面的轮廓线应采用粗实线画出；

2）当移出断面配置在剖切位置的延长线上且断面图形对称时，可只画点画线表示剖切位置，不需标注断面图名称，如图 1-54（a）所示；

3）当断面图形不对称，则要标注投射方向，如图 1-54（b）所示；

4）当断面图画在图形中断处时，不需标注断面图名称，如图 1-54（c）所示；

5）当形体有多个断面时，断面图名称宜按顺序排列，如图 1-54（d）所示。

（2）重合断面图　重合断面图是指将断面图直接面在投影图轮廓内的断面图，如图 1-55（a）所示。

1）重合断面图的比例与投影图相同。重合断面图的轮廓线应与视图的轮廓线有区别，在建筑图中通常采用比视图轮廓线较粗的实线画出。

2）重合断面图通常不加标注。断面不闭合时，只需在断面轮廓范围一侧画出材料符号或通用的剖面线，如图 1-55（b）所示。

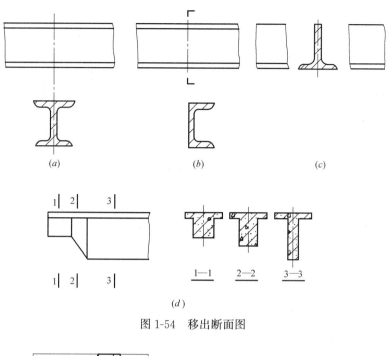

图 1-54　移出断面图

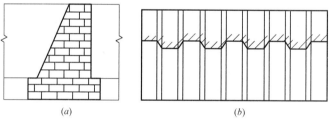

图 1-55　重合断面图

（a）挡土墙断面图；（b）墙面装饰花纹

由于重合断面图影响视图的清晰，因此很少采用。

园林规划设计图识图诀窍

2.1 园林总体规划设计图

2.1.1 园林总体规划设计图的内容和作用

1. 总体规划设计图的内容

园林总体规划设计图简称为总平面图，表现园林规划范围内的各种造园要素的布局投影图，它主要包括园林设计总平面图、分区平面图和施工平面图。

总体规划设计图主要表现用地范围内园林总的设计意图，它能够反映出组成园林各要素的布局位置、平面尺寸以及平面关系。

通常总体规划设计图所表现的内容应包括以下几点：

（1）规划用地的现状和范围。

（2）对原有地形、地貌的改造和新的规划。注意在总体规划设计图上出现的等高线均表示设计地形，对原有地形不作表示。

（3）依照比例表示出规划用地范围内各园林组成要素的位置和外轮廓线。

（4）反映出规划用地范围内园林植物的种植位置。在总体规划设计图纸中园林植物只要求分清常绿、落叶、乔木、灌木即可，不要求表示出具体的种类。

（5）绘制图例、比例尺、指北针或风玫瑰图。

（6）注标题栏，书写设计说明。

2. 总体规划设计图的作用

总体规划设计图的作用主要包括以下两点：

（1）总体规划设计图是绘制其他图纸（如竖向设计图、植物种植设计图、效果图）的主要依据。

（2）总体规划设计图是指导施工的主要技术性文件。

2.1.2 园林总体规划设计图的绘制

1. 总平面图的绘制

(1) 选择合适的比例,进行合理布局

根据用地范围大小和出图的要求选定适宜的绘图比例。若用地面积大,总体布置内容较多,可考虑选用较小的绘图比例;若用地面积较小而总体布置内容较复杂,为使图面清晰,应考虑采用较大的绘图比例。常用的绘图比例包括 1:200、1:500、1:1000 等。

(2) 确定图幅,布置画面

确定比例后,就可根据图形的大小确定图纸幅面,并进行画面布置。在进行布置时,图纸应按上北下南方向绘制,根据场地形状或布局可向左或向右偏转,但是不宜超过45°。同时,也要考虑图形、尺寸、图例、符号以及文字说明等内容所占用的图纸空间,使图面布局合理,保持图面均衡。

(3) 标注定位尺寸或坐标网

对整形式平面(例如园林建筑设计图),要注明轴线与现状的关系。对自然式园路,园林植物种植应以直角坐标网格作为控制依据。坐标网格以(2m×2m)~(10m×10m)为宜,其方向尽量与测量坐标网格一致,并且采用细实线绘制。

采用直角坐标网格标定各种造园要素的位置时,可将坐标网格线延长作定位轴线,并且在其一端绘制直径为 8mm 的细实线圆进行编号。定位轴线的编号一般标注于图样的下方与左侧,横向用阿拉伯数字自左而右按顺序编号,纵向用大写英文字母(I、Z、O 除外,避免与 1、2、0 混淆)自下而上按顺序编号,并注明基准轴线的位置。

(4) 编制图例表

图中应用的图例都应在图上适当的位置编制图例表说明其含义,例如主要建筑、园林小品、景点等;而园林植物一般只编制重点骨干树种。

(5) 各种造园要素的绘制

1) 地形。地形的高低变化及其分布情况通常用等高线表示。设计地形等高线用细实线绘制,原有地形等高线用细虚线绘制。同时,也可采用不同颜色的线条表示,并且在图例中加以注明。另外,园林设计平面图中等高线可以不注写高程。

2) 水体。水体一般用两条线表示,外面的一条表示水体边界线(即驳岸线),用特粗实线绘制;里面的一条表示水面,用细实线绘制。

3) 园林建筑。在大比例图纸中,对有门窗的建筑,可采用通过窗台以上部位的水平剖面图来表示;对没有门窗的建筑,采用通过支撑柱部位的水平剖面图来表示。用粗实线画出断面轮廓,用中实线画出其他可见轮廓。此外,也可采用屋顶平面图来表示(仅适用于坡屋顶和曲面屋顶),用粗实线画出外轮廓,用细实线画出屋面;对花坛、花架等建筑小品,用细实线或中实线画出投影轮廓线。

在小比例图纸中(1:1000 以上),只需用粗实线画出水平投影外轮廓线,建筑小品可不画。

4) 山石。山石采用其水平投影轮廓线概括表示,以粗实线绘出边缘轮廓,以细实线概括绘出皱纹。

5) 园路。在总体规划设计图纸中,园路一般情况下只需用细实线画出路缘即可,但在一些大比例图纸中为了更为清楚地表现设计意图，或者对于园中的一些重点景区，可以按照设计意思对路面的铺装形式、图案作以简略的表示。

6）植物种植。园林植物由于种类繁多、姿态各异，平面图中无法详尽地表达，一般采用图例作概括地表示，所绘图例应区分出针叶树、阔叶树、常绿树、落叶树、乔木、灌木、绿篱、花卉、草坪以及水生植物等，对常绿植物在图例中应画出间距相等的细斜线表示。

绘制植物平面图图例时，要注意曲线过渡自然，图形应形象、概括。树冠的投影要按成龄以后的树冠大小画。

（6）标高标注　平面图上的坐标、标高均以"m"为单位，小数点后保留三位有效数字，不足的以"0"补齐。

（7）绘制指北针或风玫瑰图等符号，注写比例尺，填写标题栏、会签栏。

（8）编写设计说明　设计说明是用文字的形式进一步表达设计思想，例如工程的总体规划、布局的说明；景区的方位、朝向、占地范围、地形、地貌、周围环境等的说明；关于标高和定位的说明；图例补充说明等。设计说明也可以作为图纸内容的补充。对于图中需要强调的部分以及未尽事宜也可用文字说明，例如施工技术要求的说明，地下水位、当地土壤状况、地理、人文情况的说明等。

（9）检查底稿，加深图线并完成全图。

2. 分区平面图的绘制

当园林用地范围比较大，总平面图绘制比例小（1∶500～1∶5000），在总平面图上清晰地表达设计元素比较困难时，通常会分区绘制大比例平面图（1∶50～1∶300）。园林分区平面图除了没有标题、设计说明、周边用地环境、用地红线外，其他表达内容与总平面图一样，只是标注更详细，其读图步骤、绘图要求、绘图方法和步骤也与园林总平面图基本一致。

3. 施工平面图的绘制

施工平面图的绘制要点与步骤：

（1）绘制设计平面图。

（2）绘制施工坐标网。施工坐标网格应以细实线绘制，可画成 100m×100m 或 50m×50m 的方格网，也可根据实际需要调整。对于面积较小的，可用 5m×5m 或 10m ×10m 的坐标网。

（3）标注尺寸、标高。施工图中标注的标高为绝对标高，若标注相对标高，则应注明相对标高与绝对标高的关系。建筑物室内地坪标注图中±0.000 处的标高；对不同高度的地坪分别标注其标高；建筑物室外散水标注建筑物四周转角或两对角的散水坡脚处的标高；构筑物标注其有代表性的标高，并用文字注明标高所指的位置；道路标注路面中心交点及变坡点的标高；挡土墙标注墙顶和墙脚标高；路堤、边坡标注坡顶和坡脚标高；排水沟标注沟顶和沟底标高；场地平整标注其控制位置标高；铺栅场地标注其铺砌面标高。标高标注精确到小数点后 3 位。

（4）绘制图框、比例尺、指北针，填写标题、标题栏、会签栏、编写说明以及图例表。

对于面积较大的施工区域，除了绘制施工总平面图之外，还要绘制分区施工放线图和局部放线详图，都是为了提高施工放线的精确度，绘制的内容、要求和方法也较为相似，只是某些方面略有差异，主要表现在以下方面：

1）表现内容上，为了方便图纸阅读，避免混乱，分区施工放线图和局部放线详图一般不用绘制植物，仅将道路、园林建筑和小品等绘制出来即可。

2）分区施工放线图和局部放线详图的绘图比例根据需要选定，一般不应小于1：500。

2.1.3　园林总体规划设计图的识图步骤

通常，园林总体规划设计图的识图应按照以下几个步骤进行：

（1）看图名、比例、设计说明、风玫瑰图、指北针。根据图名、比例、设计说明、风玫瑰图、和指北针，可了解施工总平面图设计的意图和范围、工程性质、工程的面积和朝向等基本情况，为进一步了解图纸做好准备。

（2）看等高线和水位线。根据等高线和水位线，可了解园林的地形和水体布置情况，从而对全园的地形骨架有一个基本的印象。

（3）看图例和文字说明。根据图例和文字说明，可明确新建景物的平面位置，了解总体布局的情况。

（4）看坐标或尺寸。根据坐标或尺寸，可查找施工放线的依据。

现以图2-1为例，说明某小游园总体规划设计图的读图方法和步骤。

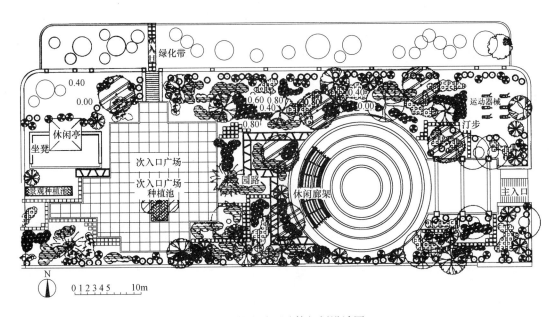

图2-1　某小游园总体规划设计图

从图中可以看出，这是一个混合式的游园。园子是一个整体下沉的小游园，四周有围墙栏杆围合，东边是主入口，主入口通过台阶坡道下来，进入游园主入口广场，再向西是圆形广场和花架，再向西经过一段曲折小路到达次入口广场，次入口广场西北角布置包括休闲亭和坐凳；广场周边通过堆山、种植乔木、花灌木，营造出一个幽静、舒适的地下花园。另外，这张图纸还表现出了园林各要素的布局位置一级平面关系，还可根据比例尺计算出园中各主要建筑一级园林构成要素的平面尺寸。

2.2 园林竖向设计图

2.2.1 园林竖向设计图的内容和作用

1. 内容

竖向设计是指在一块场地上进行垂直于水平面方向的布置和处理园林用地的竖向设计，也就是园林中各个景点、各种设施及地貌等在高程上如何创造高低变化和协调统一的设计。

竖向设计是园林总体规划设计的一项重要内容。竖向设计图是表示园林中各个景点、各种设施及地貌等在高程上的高低变化和协调统一的一种图样。园林竖向设计图主要是用来表现地形、地貌、建筑物、植物和园林道路系统等各种造园要素的高程等内容，如地形现状及设计高程，建筑物室内控制标高，山石、道路、水体以及出入口的设计高程，园路主要转折点、交叉点、变坡点的标高和纵坡坡度以及各景点的控制标高等。园林竖向设计图是在原有地形的基础上所绘制的一种工程技术图样。

2. 作用

竖向设计图是造园工程土方调配预算和地形改造施工的主要依据。它是从园林的实用功能出发，对园林地形、地貌、建筑、绿地、道路、广场、管线等进行综合竖向设计，统筹安排园内各种景点、设施、地貌以及景观之间的关系，使地上设施和地下设施之间、山水之间、园内与园外之间在高程上有合理的关系，从而创造出技术经济合理、景观优美和谐、富有生机的园林作用。

2.2.2 园林竖向设计图的绘制

1. 园林竖向设计图的绘制要求

（1）等高线　根据地形设计，选定等高距，用细实线绘出设计地形等高线，用细虚线绘出原地形等高线。等高线上应标注高程，高程数字处等高线应断开，高程数字的字头应朝向山头，数字应排列整齐。周围平整地面高程定为±0.000，高于地面为正，数字前加"＋"号，习惯上将该符号省略；低于地面为负，数字前应注写"－"号。高程单位为m，要求保留两位小数。对于水体，用特粗实线表示水体边界线（即驳岸线）。当湖底为缓坡时，用细实线绘出湖底等高线，同时标注高程。当湖底为平面时，用标高符号标注湖底高程，标高符号下面应加画短横线和45°斜线表示湖底。

（2）标注　设计平面图中的建筑、山石、道路和广场等物体，用水平投影法将其外形轮廓绘制到地形设计图中，建筑用中实线，山石用粗实线，广场、道路用细实线。建筑须标注室内地坪标高，用箭头指向所在位置。山石用标高符号标注最高部位的标高。道路的高程标注在交汇、转向以及变坡处，标注位置以圆点表示，圆点上方标注高程数字。

（3）排水方向　根据坡度，用单箭头标注雨水排除方向。

（4）方格网　为了便于施工放线，地形设计图中应设置方格网。设置时尽可能使方格某一边落在某一固定建筑设施边线上（目的是便于将方格网测设到施工现场），每一网格边长可为5m、10m、20m等，按需而定，其比例与图中一致。方格网应按顺序编号，规定横向从左向右用阿拉伯数字编号，纵向自下而上用拉丁字母编号，并按测量基准点的坐标，标注出纵横第1网格坐标。

（5）其他　须绘制比例、指北针、注写标题栏、技术要求等。

（6）局部断面图　必要时可绘制出某剖面的断面图，以便直观地表达该剖面上竖向变化情况。

2. 园林竖向设计图的绘制步骤

（1）根据用地范围的大小和图样复杂程度，选定适宜的绘图比例。对同一个工程而言，一般常采用与总体规划设计图相同的比例。

（2）确定合适的图幅，合理布置图面。

（3）确定定位轴线，或绘制直角坐标网。

以上三步与园林总体规划设计平面图的绘图要求相同。

（4）根据地形设计选定合适的等高距，并绘制等高线。

1）等高距。等高距可根据地形的变化而确定，可为整数，也可为小数。现代园林不提倡大面积的挖湖堆山。因此，所作的地形设计一般都为微地形，所以在不说明的情况下等高距均默认为1m。

2）等高线。在竖向设计中等高线用细实线绘制，原地形等高线用虚实线绘制。

（5）绘制出其他造园要素的平面位置。

1）园林建筑及小品。按比例采用中实线绘制，并且只绘制其外轮廓线。

2）水体。驳岸线用特粗线绘制，湖底为缓坡时，用细实线绘出湖底等高线；湖底为平底时，应在水面上将湖底的高程标出。

3）山石、道路、广场。山石外轮廓线用粗实线绘制，广场、道路用细实线绘制。对于假山要求标注出最高点的高程。

4）为使图面清晰可见，在竖向设计图纸中通常不绘制园林植物。

（6）标注排水方向、尺寸，注写标高。

1）排水方向的标注。排水方向用单箭头表示。雨水的排除一般采取就近排入园中水体，或排出园外的方法。

2）等高线的标注。等高线上应注写高程，高程数字处等高线应断开，高程数字的字头应朝向山头，数字应排列整齐。一般以平整地面高程定为±0.000，高于地面为正，数字前"＋"可省略；低于地面0.000为负，数字前应注写"－"号。高程的单位为"m"，小数点后保留三位小数。

3）建筑物、山石、道路、水体等的高程标注。

① 建筑物。应标注室内地坪标高，并用箭头指向所在位置。

② 山石。用标高符号标注最高部位的标高。

③ 道路。其高程一般标注于交汇、转向、变坡处。标注位置以圆点表示，圆点上方标注高程数字。

④ 水体。当湖底为缓坡时，标注于湖底等高线的断开处；当湖底为平面时，用标高符号标注湖底高程，标高符号下面应加画短横线和45°斜线表示湖底。

（7）注写设计说明。用简明扼要的语言注写设计意图，说明施工的技术要求及做法等，或附设计说明书。

（8）画指北针或风玫瑰图，注写标题栏。

2.2.3　园林竖向设计图的识图步骤

通常园林竖向设计图的识图应按照以下几个步骤进行：

（1）看图名、比例、指北针、文字说明。根据图名、比例、指北针、文字说明，了解工程名称、设计内容、工程所处方位和设计范围。

（2）看等高线及其高程标注。根据等高线的分布情况及其高程标注，了解新设计地形的特点和原地形的标高，了解地形高低变化及土方工程情况，还可以结合景观总体规划设计，分析竖向设计的合理性。并且根据新、旧地形高程变化，还能了解地形改造施工的基本要求和做法。

（3）看建筑、山石和道路标高情况。

（4）看排水方向。

（5）看坐标。根据坐标，确定施工放线依据。

现以图 2-2 为例，说明某小游园竖向设计图的读图方法和步骤。

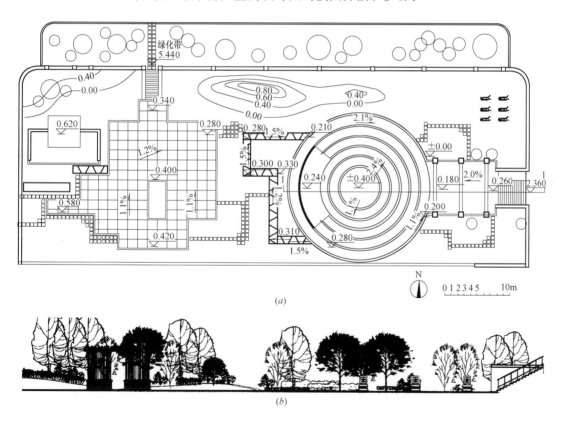

图 2-2　某小游园竖向设计图
（a）竖向设计图；（b）1—1 剖面图

（1）从图中可以看出，小游园的原地形是整体比四周低，有 2m 多的高差，中间地势整体比较平，为增加景观变化，在西北角和北侧次入口东侧设计有起伏地形，北侧地形基本是北面陡些南侧缓，西侧高东侧低，等高距是 0.40m。

（2）园子中部的广场，标高是 0.40m。园中所有的建筑都反映出了室内地坪标高，并且在标注时用箭头指向所在位置。例如，园子西部的四角亭室内地坪标高为 0.62m，园子中部的弧形花架，室内地坪标高为 0.24m。另外图中还在道路的交叉、转向、变坡处进行了高程标注。

（3）图中包括许多表示雨水排除方向的单箭头，并且雨水的排除通常采取就近排入园中水体，或排出园外的方法。

（4）在图（a）的右方有一个表现局部地形变化情况的 1—1 断面图。

（5）从图中还可见，此园利用自然坡度排出雨水，大部分雨水流入中部水池，四周流出园外。

2.3　园林植物种植设计图

2.3.1　园林植物种植设计图的内容和作用

1. 内容

园林植物种植设计图是表示设计植物的种类、数量、规格、种植位置及类型和要求的平面图样。园林植物种植设计是用相应的平面图例在图纸上表示设计植物的种类、数量、规格以及园林植物的种植位置。通常还在图面上适当的位置，用列表的方式绘制苗木统计表，具体统计并详细说明设计植物的编号、图例、种类、规格（包括树干直径、高度或冠幅）和数量等。

当植物种植比较多时，在一张图纸上表达不够清晰时，常常可以将植物分类画在不同的图纸中，如乔木全部放一张图纸中，出一张乔木种植图；将灌木放一张图纸中，出一张灌木种植图；还可以将地被和草坪放一张图纸中，出一张地被草坪种植图。

2. 作用

植物种植设计图是植物种植施工、工程预结算、工程施工监理和验收的依据，它应能准确表达出种植设计的内容和意图。

2.3.2　园林植物种植设计图的绘制

1. 园林植物种植设计图的绘制要求

（1）设计平面图　在设计平面图上，绘出建筑、水体、道路以及地下管线等位置，其中水体边线用粗实线，水体边界线内侧用细实线表示出水面，建筑用中实线，道路用细实线，地下管道或构筑物用中虚线。

（2）种植设计图　自然式种植设计图，宜将各种植物按平面图中的图例或用单一圆圈加引出线的形式，绘制在所设计的种植位置上，并应以圆点示出树干位置。规则式种植的设计图，对单株或丛植的植物宜以圆点表示种植位置，对蔓生和成片种植的植物，用细实线绘出种植范围。树冠大小按成龄后冠幅绘制。草坪用小圆点表示，小圆点应绘得有疏有密，在道路、建筑物、山石、水体等边缘处应密，然后逐渐变疏。

为了便于区别树种、计算株数，应将不同树种统一编号，标注在树冠图例内或用折曲线将相同树种的种植点连起加引出线表明树木编号。

（3）编制苗木统计表　在图中适当位置，列表说明所设计的植物编号、树种名称、拉丁文名称、单位、数量、规格、出圃年龄等。

（4）标注定位尺寸　自然式植物种植设计图，宜用坐标网确定种植位置，规则式植物种植设计图，宜相对某一原有地上物，用标注株行距的方法，确定种植位置。

（5）绘制种植详图　必要时按苗木统计表中编号（即图号）绘制种植详图，说明种植某一种植物时挖坑、覆土、施肥、支撑等种植施工要求。

（6）其他　绘制比例、风玫瑰图或指北针，填写主要技术要求及标题栏。

2. 园林植物种植设计图的绘制步骤

（1）确定绘图比例。根据用地范围大小与总体布局的内容，选定适宜的绘图比例。

（2）确定图幅，布置图面。比例确定后，可据图形的大小确定图纸幅面进行图面布置。

（3）确定定位轴线或绘制直角坐标网，绘制现状地形与将保留的地物。

（4）绘制设计地形与新设计的各造园要素，编制苗木统计表。

（5）编写设计施工说明，绘制植物种植详图。必要时按苗木统计表中的编号，绘制植物种植详图，说明种植某一植物时挖坑、施肥、覆土、支撑等种植施工要求。

（6）画指北针或风玫瑰图，注写比例和标题栏。

（7）检查并完成全图。

2.3.3　园林植物种植设计图的识图步骤

通常，园林植物种植设计图的识图应按以下几个步骤进行：

（1）看标题栏、比例、指北针（或风玫瑰图）及设计说明。了解工程名称、性质、所处方位（及主导风向），明确工程的目的、设计范围、设计意图，了解绿化施工后应达到的效果。

（2）看植物图例、编号、苗木统计表及文字说明。根据图示各植物编号，对照苗木统计表及技术说明了解植物的种类、名称、规格、数量等，验核或编制种植工程预算。

（3）看图示植物种植位置及配置方式。根据图示植物种植位置及配置方式，分析种植设计方案是否合理，植物栽植位置与建筑及构筑物和市政管线之间的距离是否符合有关设计规范的规定等技术要求。

（4）看植物的种植规格和定位尺寸，明确定点放线的基准。

（5）看植物种植详图，明确具体种植要求，组织种植施工。

现以图 2-3 为例说明某小游园种植设计图的读图方法和步骤，表 2-1 为图 2-3 所附苗木统计表。

某游园种植设计苗木统计表　　　　　表 2-1

编号	植物名称	规格	数量
1	樱花	2.5m 高	31 株
2	香樟	干径约 100mm	26 株
3	雪松	4.0m 高	27 株

续表

编号	植物名称	规格	数量
4	水杉	2.5m 高	58 株
5	广玉兰	3.0m 高	26 株
6	晚樱	2.5m 高	11 株
7	柳杉	2.5m 高	12 株
8	榉树	3.9m 高	12 株
9	白玉兰	2.0m 高	5 株
10	银杏	干径>80mm	10 株
11	红枫	2.0m 高	7 株
12	鹅掌楸	3.5m 高	31 株
13	桂花	2.0m 高	15 株
14	鸡爪槭	2.5m 高	6 株
15	国槐	3.0m 高	10 株
16	圆柏	3.1m 高	11 株
17	七叶树	3.5m 高	7 株
18	含笑	1.0m 高大苗	4 株
19	铺地柏	—	41 株
20	凤尾兰	—	50 株
21	毛鹃	30cm 高	250 株
22	杜鹃	—	130 株
23	迎春	—	85 株
24	金丝桃	—	80 株
25	腊梅	—	8 株
26	金钟花	—	20 株
27	麻叶绣球	—	30 株
28	大叶黄杨	60cm 高	120 株
29	龙柏	3m 以上	16 株
30	草坪	—	2514m^2

（1）游园北部以樱花、雪松、晚樱、鸡爪槭、香樟、柳杉等针叶、阔叶乔木为主配以金钟华、龙柏等灌木结合地形的变化采用自然式种植。

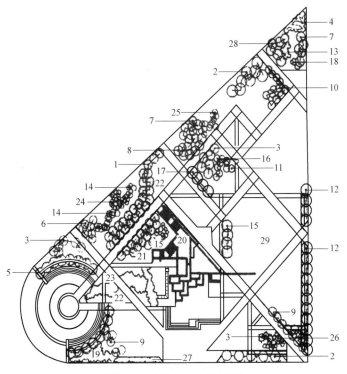

图 2-3　某游园种植设计图

（2）游园南部规则式栽植了鹅掌楸、香樟、广玉兰等乔木配合栽植铺地柏、迎春等灌木，绿地地被为草坪覆盖。

（3）表 2-1 说明所设计的植物编号、树种名称、规格及数量等。

园林建筑施工图识图诀窍

3.1 园林建筑平面图

3.1.1 园林建筑平面图的内容和作用

园林建筑平面图是指经水平剖切平面沿建筑窗台以上部位（对于没有门窗的建筑，则沿支撑柱的部位）剖切后画出的水平投影图。当图纸比例较小，为坡屋顶或曲面屋顶的建筑时，通常也可只画出其水平投影图（即屋顶平面图）。

建造园林建筑要经过设计和施工两个过程。设计过程就是将设计者的设计意图用图形、图表以及文字的形式表达出来，供施工者使用，以此作为施工的依据。

园林建筑平面图用来表达园林建筑在水平方向的各部分构造情况，主要内容概括如下：

(1) 图名、比例、定位轴线和指北针；
(2) 建筑的形状、内部布置和水平尺寸；
(3) 墙、柱的断面形状、结构和大小；
(4) 门窗的位置、编号，门的开启方向；
(5) 台阶、楼梯梯段的形状，梯段的走向和级数；
(6) 表明有关设备如卫生设备、台阶、雨篷、水管等的位置；
(7) 地面、路面、楼梯平台面的标高；
(8) 剖面图的剖切位置和详图的索引标志。

3.1.2 园林建筑平面图的绘制

1. 标明图名（含楼层）、比例和指北针

在绘制建筑平面图之前，首先要根据建筑物形体的大小选择合适的绘制比例，通常可选比例为 1:50、1:100、1:200。

2. 线型要求

在建筑平面图中，凡是被剖切到的主要构造（墙、柱等）断面轮廓线均用粗实线绘制，墙柱轮廓都不包括粉刷层厚度。粉刷层在 1：100 的平面图中不必画出，在 1：50 或更大比例的平面图中用粗实线画出粉刷层厚度。被剖切到的次要构造的轮廓线及未被剖切的轮廓线用中粗实线绘制。尺寸线、图例线、索引符号等用细实线绘制。

3. 门窗的画法及编号

门窗的平面图画法应按建筑平面图图例绘制。其中，用 45° 中粗线表示门的开启方向，用两条平行细实线表示窗框及窗扇的位置。门的名称代号是 M，窗的代号是 C，编号如 M1、C1 等。

4. 注明定位轴线及编号

定位轴线是用来确定建筑物基础、墙、柱等承重构件的位置的基准线。定位轴线是用细点画线或细实线绘制，其编号写在轴线端部的圆内，圆心在定位轴线的延长线上，圆用细实线绘制，直径为 8mm。横轴线的编号用阿拉伯数字从左至右编写，纵轴线的编号用英文字母从下至上编写，但 I、O、Z 三个字母不能用。如果需要在定位轴线之间添加非承重构件的轴线，编号以分数表示，此轴线称为附加轴线或分轴线，分母表示前一轴线的编号，分子表示附加轴线的编号，如附加轴线在 1 轴或 A 轴后面，需在 1 或 A 的前面加 "0"。

5. 尺寸标注

在建筑平面图中，标注的尺寸有内部尺寸和外部尺寸两种，主要反映建筑物中房间的开间、进深的大小、门窗的平面位置及墙厚、柱的断面尺寸等。

外部尺寸一般标注三道尺寸：最外一道尺寸为总尺寸，表示建筑物的总长、总宽，即从一端外墙皮到另一端外墙皮的尺寸；中间一道尺寸为定位尺寸，表示轴线尺寸，即房间的开间与进深尺寸；最里一道为细部尺寸，表示各细部的位置及大小，如外墙门窗的大小以及与轴线的平面关系。

内部尺寸用来标注内部门窗洞口和宽度及位置、墙身厚度以及固定设备大小和位置等，一般用一道尺寸线表示。

6. 注明索引符号和剖切符号

绘制其他构件，如墙体、门窗、楼梯等，如需要绘制详图，应该在对应位置采用索引符号进行标注。

当需要绘制剖切详图时，应在平面图上标出剖切位置和剖视方向，剖切符号一般在首层平面图中表示。

3.1.3 园林建筑平面图的识图步骤

通常园林建筑平面图的识图应按照以下几个步骤进行：

（1）了解图名、层次、比例，纵、横定位轴线及其编号。

（2）明确图示图例、符号、线型和尺寸的意义。

（3）了解图示建筑物的平面布置。例如，房间的布置、分隔，墙、柱的断面形状和大小，楼梯的梯段走向和级数等，门窗布置、型号和数量，房间其他固定设备的布置，在底层平面图中表示的室外台阶、明沟、散水坡、踏步、雨水管等的布置。

（4）了解平面图中的各部分尺寸和标高。通过外、内各道尺寸标注，了解总尺寸、轴线间尺寸，开间、进深、门窗及室内设备的大小尺寸和定位尺寸，并由标注出的标高了解楼、地面的相对标高。

（5）了解建筑物的朝向。

（6）了解建筑物的结构形式以及主要建筑材料。

（7）了解剖面图的剖切位置及其编号、详图索引符号及编号。

（8）了解室内装饰的做法、要求和材料。

（9）了解屋面部分的设施和建筑构造的情况，对屋面排水系统应与屋面做法和墙身剖面的檐口部分对照识图。

现以图 3-1 为例，说明某茶室平面图的读图方法和步骤。

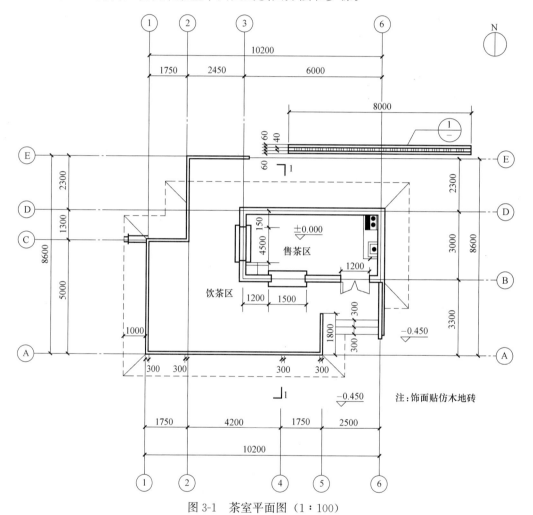

图 3-1　茶室平面图（1∶100）

（1）图中的茶室后面的篱笆给出了索引标注，表示关于篱笆的详图对应本图中编号为 1 的图示。

（2）茶室的总长为 10.20m，总宽为 8.60m；中间一道是轴间尺寸，一般表示建筑物的开间和进深，如图中的 1.750m、4.20m 便是柱子之间的尺寸；最里一道是细部尺寸，如图中的茶室门窗、窗台和立柱等的尺寸及其相对位置关系。

（3）室内地坪作为基准标高，标注为±0.000，室外相对于室内的标高为－0.450m。也就是说，室外地坪相对于室内地坪低 0.45m。

3.2　园林建筑立面图

3.2.1　园林建筑立面图的内容和作用

园林建筑的立面图是根据投影原理绘制的正投影图，相当于三面正投影图中的 V 面投影或是 W 面投影。建筑的四个立面可以按照朝向称为东立面图、西立面图、南立面图和北立面图；也可以将园林建筑的主要出口或反映房屋外貌主要特征的立面图称为正立面图，从而确定背立面图和侧立面图。

建筑立面图用于表达房屋的外形和装饰，主要内容如下：

（1）表明图名、比例、两端的定位轴线；

（2）表明房屋的外形以及门窗、台阶、雨篷、阳台、雨水管等位置和形状；

（3）表明标高和必须的局部尺寸；

（4）表明外墙装饰的材料和做法；

（5）标注详图索引符号；

（6）表明树池、坐凳、栏杆扶手、花架、亭等高度和形状。

3.2.2　园林建筑立面图的绘制

1. 比例选择

绘制建筑立面图前，首先要根据建筑物形体的大小选择合适的绘制比例，通常情况下建筑立面图所采用的比例应与平面图相同。

2. 线型要求

建筑立面图的外轮廓线应用粗实线绘制；主要部位轮廓线（门窗洞口中、台阶、花台、阳台、雨篷、檐口等）用中实线绘制；次要部位的轮廓线（门窗的分格线、栏杆、装饰脚线、墙面分格线等）用细实线绘制；地平线用特粗实线绘制。

3. 尺寸标注

在立面图中应标注外墙各主要部位的标高，如室外地面、台阶、窗台、门窗上口、阳台、檐口、屋顶等处的标高。尺寸标注应标注上述各部位相互之间的尺寸。要求标注排列整齐，力求图面制配清晰。

4. 配景

为了衬托园林建筑的艺术效果，根据总平面的环境条件，通常在建筑物的两侧和后部绘出一定的配景，如花草、树木、山石等。绘制时可以采用概括画法，力求比例协调、层次分明。

5. 注写比例、图名及文字说明等

建筑立面图上的文字说明一般可包括建筑外墙的装饰材料说明、构造做法说明等。

3.2.3　园林建筑立面图的识图步骤

通常园林建筑立面图的识图应按照以下几个步骤进行：

（1）了解图名、比例和定位轴线编号；

（2）了解建筑物整个外貌形状；了解房屋门窗、窗台、台阶、雨篷、阳台、花池、勒脚、檐口中、落水管等细部形式和位置；

（3）从图中标注的标高，了解建筑物的总高度及其他细部标高；

（4）从图中的图例、文字说明或列表，了解建筑物外墙面装修的材料和做法。

3.3 园林建筑剖面图

3.3.1 园林建筑剖面图的内容和作用

如果选择一个平行于侧面的铅垂面将建筑物剖切开，移去一部分，另一部分剖切断面的正投影图就能够反映建筑物的内部层次变化，此图称为建筑物的剖面图。其剖切位置通常应选在内部结构有代表性的或空间变化比较复杂的部位，且剖面位置根据需要可以转折1次。

在建筑剖面图中，室内外地面画加粗线；楼板层和屋顶层在1：100的剖面图中可只画两条粗实线；剖到的墙身轮廓也用粗实线。在1：50的剖面图中，墙身另加绘细实线，表示粉刷层的厚度，并在结构层上方加画一条中粗线作为面层线，如楼地面的面层。其他可见轮廓，如门窗洞、楼梯栏杆、内外墙轮廓线、踢脚线等画成中粗线。门窗扇及其分格线等用细实线。剖面图的比例和材料图例的画法与平面图相同。

剖面图用于表示垂直方向建筑物的各部分组合情况，主要内容如下：

（1）表明图名、比例、外墙定位轴线。

（2）剖到的内墙、外墙，包括门窗过梁、圈梁、檐口及剖到的楼板层、屋顶、楼梯、台阶等的位置和形状。

3.3.2 园林建筑剖面图的绘制

1. 选择比例

绘制建筑剖面图时可根据建筑物形体的大小选择合适的绘制比例，建筑剖面图所选用的比例一般应与平面图和立面图相同。

2. 定位轴线

在剖面图中凡是被剖切到的承重墙、柱等都要画出定位轴线，并注写与平面图相同的编号。

3. 剖切符号

为了方便看图，要求必须在平面图中明确地表示出剖切符号，并在剖面图下方标注与其相应的图名。在绘制过程中，剖切位置的选择非常关键，一般选在建筑内部构造有代表性和空间变化较复杂的部位，同时结合所要表达的内容确定，一般应通过门、窗等有代表性的典型部位。

4. 线型要求

被剖切到的地面线用特粗实线绘制，其他被剖切到的主要可见轮廓线用粗实线绘制（墙身、楼地面、圈梁、过梁、阳台、雨篷等），未被剖切到的主要可见轮廓线的投影用中粗实线绘制，其他次要部位的投影用细实线绘制（栏杆、门窗分格线、图例线等）。

5. 尺寸标注

水平方向上剖面图应标注承重墙或柱的定位轴线间的距离尺寸，垂直方向应标注外墙身各部位的分段尺寸（门窗洞口、勒脚、檐口高度等）。

6. 标高标注

应标注室内外地面、各层楼面、阳台、檐口、顶棚、门窗、台阶等主要部位的标高。

7. 注写文字

注写图名、比例及有关说明等。

3.3.3　园林建筑剖面图的识图步骤

通常园林建筑剖面图的识图应按照以下几个步骤进行：

（1）将图名、定位轴线编号与平面图上部切线及其编号与定位轴线编号相对照，确定剖面图的剖切位置和投影方向。

（2）从图示建筑物的结构形式和构造内容，了解建筑物的构造和组合，如建筑物各部分的位置、组成、构造、用料及做法等情况。

（3）从图中标注的标高及尺寸，可了解建筑物的垂直尺寸和标高情况。

现以图 3-2 为例，说明某茶室剖面图的读图方法和步骤。

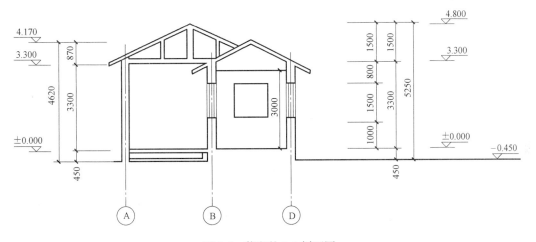

图 3-2　茶室的 1-1 剖面图

（1）茶室的总高度是 5.25m；中间一道是层高尺寸，主要表示各层次的高度；最里一道是门窗洞、窗间墙及勒脚等的高度尺寸，由图可以看出，窗洞高为 1.5m，距离室内地坪 1.0m。

（2）图中的 ±0.000 是室内铺完地板之后的表面高度。

3.4　园林建筑详图

3.4.1　园林建筑详图的内容和作用

建筑平、立、剖面图都是用较小的比例绘制的，主要表达建筑全局性的内容，但对于建筑细部或构、配件的形状、构造关系等无法表达清楚，因此，在实际工作中，为详细表达建筑节点及建筑构、配件的形状、材料、尺寸及做法，而用较大的比例画出的图形，称为建筑详图或大样图。

建筑详图的比例宜用 1:1、1:2、1:5、1:10、1:20 等。建筑详图的尺寸要齐全、准确，文字说明要清楚、明白。建筑详图包括平面详图、立面详图、剖面详图和断面详图，具体应根据细部结构和构配件的复杂程度选用。对于套用标准图或通用详图的建筑构配件和节点，只在注明所套用图集的名称、型号或页码，不必再绘制详图。建筑详图所画的节点部分，除了要在平、立、剖面图中有关部位标注索引标志外，还应在所绘制的详图上标注详图符号和写明详图名称，以便于对照查阅。建筑构配件详图一般只要在所绘制的详图上写明该构件的名称或型号，不必在平、立、剖面图中标注索引符号。

3.4.2 楼梯详图

楼梯是由楼梯段、休息平台、栏杆或栏板组成的。由于楼梯的构造比较复杂，在建筑平面图和建筑剖面图中不能将其表示清楚，因此，必须另画详图加以表示。楼梯详图主要表示楼梯的类型、结构形式、各部位的尺寸以及装修做法等。楼梯详图是楼梯施工放样的主要依据。

楼梯的建筑详图主要包括：

1. 楼梯平面图

楼梯平面图的水平剖切位置，除顶层在安全栏板（或栏杆）之上外，其余各层均在上行第一跑楼梯中间。各层被剖切到的上行第一跑梯段，在楼梯平面图中画一条与踢面线成 30°的折断线（构成梯段的踏步中与楼地面平行的面称为踏面，与楼地面垂直的面称为踢面），各层下行梯段不予剖切。而楼梯间平面图则为房屋各层水平剖切后的直接正投影，类似于建筑平面图。如中间几层楼梯的构造一致，也可只画一个平面图作为标准层楼梯间平面图。故楼梯平面详图常常只画出底层、中间层以及顶层三个平面图。

2. 楼梯剖面图

楼梯剖面图是指假想用一个竖直剖切平面沿梯段的长度方向将楼梯间从上至下剖开，然后往另一梯段方向投影所得的剖面图。

楼梯剖面图能够清楚地表明楼梯梯段的结构形式、踏步的踏面宽、踢面高、级数以及楼地面、楼梯平台、墙身、栏杆、栏板等构造做法及其相对位置。

3. 楼梯节点详图

在楼梯详图中，对扶手、栏板（栏杆）、踏步等，通常都采用更大的比例另绘制详图表示。

踏步详图表明踏步的截面形状、大小、材料及面层的做法。栏板与扶手详图主要表明栏板及扶手的形式、大小、所用材料及其与踏步的连接等情况。

现以图 3-3 为例，说明楼梯节点详图的读图方法和步骤。

（1）该图踏面宽 260mm，踢面高度为 160mm，梯段厚度为 100mm。为防止行人滑跌，在踏步口设置了 30mm 的防滑条。

（2）该图栏板为砖砌，上做钢筋混凝土扶手，面层为水泥砂浆抹面。底层端点的详图表明底层起始踏步的处理及栏板与踏步的连接等。

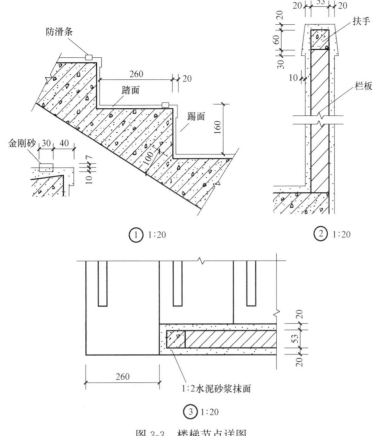

图 3-3　楼梯节点详图

3.4.3　外墙身详图

外墙身详图即房屋建筑的外墙身剖面详图,主要用来表达外墙的墙脚、窗台、窗顶以及外墙与室内外地面、外墙与楼面、屋面的连接关系等内容。

外墙身详图可根据底层平面图,外墙身剖切位置线的位置以及投影方向来绘制,也可根据房屋剖面图中外墙身上索引符号所指示需要,画出详图的节点来绘制。

1.外墙详图的基本内容

(1)墙的轴线编号、墙的厚度及其与轴线的关系。有时一个外墙身详图可适用于几个轴线。应按照相关标准的规定;如一个详图适用于几个轴线时,应同时注明各有关轴线的编号。通用详图的定位轴线应只画圆,不注写轴线编号。轴线端部圆圈直径在详图中宜为 10mm。

(2)各层楼板等构件的位置及其与墙身的关系。诸如进墙、靠墙、支承、拉结等情况。

(3)门窗洞口中、底层窗下墙、窗间墙、檐口中、女儿墙等的高度;室内外地坪、防潮层、门窗洞的上下口、檐口、墙顶及各层楼面、屋面的标高。

(4)屋面、楼面、地面等为多层次构造。多层次构造应采用分层说明的方法标注其构造做法,多层次构造的共用引出线应通过被引出的各层。文字说明宜采用 5 号或 7 号字注写出，在横线的上方或横线的端部，说明的顺序由上至下，并应与被说明的层次相互一致。

（5）立面装修和墙身防水、防潮的要求以及墙体各部位的线脚、窗台、窗楣、檐口中、勒脚、散水等的尺寸、材料和做法或用引出线说明，或用索引符号引出另画详图表示。

外墙身详图的±0.000或防潮层以下的基础以结施图中的基础图为准。屋面、楼面、地面、散水、勒脚等和内外墙面装修做法、尺寸等与建筑施图中首页的统一构造说明相对应。

2. 外墙身详图的识图步骤

（1）根据剖面图的编号，对照平面图上相应的剖切线及其编号，明确剖面图的剖切位置和投影方向。

（2）根据各节点详图所表示的内容，详细分析读懂以下内容：

1）檐口节点详图。檐口节点详图表示屋面承重层、女儿墙外排水檐口的构造。

2）窗顶、窗台节点详图。窗顶、窗台节点详图表示窗台、窗过梁（或圈梁）的构造及楼板层的做法，各层楼板（或梁）的搁置方向以及与墙身的关系。

3）勒脚、明沟详图。勒脚、明沟详图表示房屋外墙的防潮、防水和排水的做法，外（内）墙身的防潮层的位置，以及室内地面的做法。

（3）结合图中有关图例、文字、标高、尺寸及有关材料和做法互相对照，明确图示内容。

（4）明确立面装修的要求，主要包括砖墙各部位的凹凸线脚、窗口中、挑檐、勒脚、散水等尺寸、材料和做法。

（5）了解墙身防火、防潮的做法，如檐口、墙身、勒脚、散水、地下室的防潮、防水做法。

现以图3-4为例，说明外墙身详图的读图方法和步骤。

（1）此墙身详图适用Ⓐ轴线。

（2）墙体厚度为450mm。底层窗下墙高为600mm，两层之间墙高均为1000mm，各层窗洞口高均为1800mm，室内地坪标高为±0.000，室外地坪标高−0.750m，墙顶标高8.610m。

（3）底层地面、散水、防潮层、各层楼面、屋面的标高及构造做法等都在图中作了表示。

3.4.4 门窗节点详图

门在建筑中的主要功能是交通、分隔、防盗，兼作通风、采光。窗的主要作用是通风、采光。门窗洞口的基本尺寸，1000mm以下时，按100mm为增值单位增加尺寸；1000mm以上时，按300mm为增值单位增加尺寸。门窗详图，一般都有分别由各地区建筑主管部门批准发行的各种不同规格的标准图（通用图），供设计者选用。若采用标准详图，则在施工图中只需说明该详图所在标准图集中的编号即可。如果未采用标准图集时，则必须画出门窗详图。

门窗详图一般用立面图、节点详图、断面图和文字说明等来表示。图3-5为铝合金窗详图。

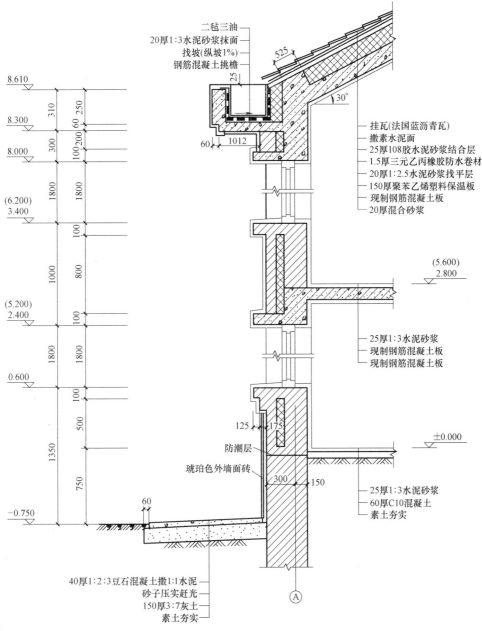

二毡三油
20厚1:3水泥砂浆抹面
找坡(纵坡1%)
钢筋混凝土挑檐
525
25
30°

挂瓦(法国蓝沥青瓦)
撒素水泥面
25厚108胶水泥砂浆结合层
1.5厚三元乙丙橡胶防水卷材
20厚1:2.5水泥砂浆找平层
150厚聚苯乙烯塑料保温板
现制钢筋混凝土板
20厚混合砂浆

8.610
310
60 250
8.300
300
100 200
8.000
1800
1800
(6.200)
3.400
100
(5.600)
2.800
1000
800
(5.200)
2.400
100
25厚1:3水泥砂浆
现制钢筋混凝土板
现制钢筋混凝土板
1800
1800
0.600
100
1350
500
125 175
±0.000
防潮层
琥珀色外墙面砖
300 150
25厚1:3水泥砂浆
60厚C10混凝土
素土夯实
750
60
−0.750
40厚1:2:3豆石混凝土撒1:1水泥
砂子压实赶光
150厚3:7灰土
素土夯实
A

图 3-4 外墙身详图（1:20）

详图内容及其图示特点如下。

1. 立面图

所用比例较小，只表示窗的外形、开启方式及方向、主要尺寸、节点索引符号等内容，如图 3-5 所示。立面图上所标注的尺寸有三道：第一道为窗洞口尺寸；第二道为窗框外包尺寸；第三道为窗扇、窗框尺寸。窗洞口尺寸应与建筑平、剖面图的洞口尺寸一致。窗框和窗扇尺寸均为成品的净尺寸。立面图上的线型除外轮廓线用中粗线外，其余均为细实线。

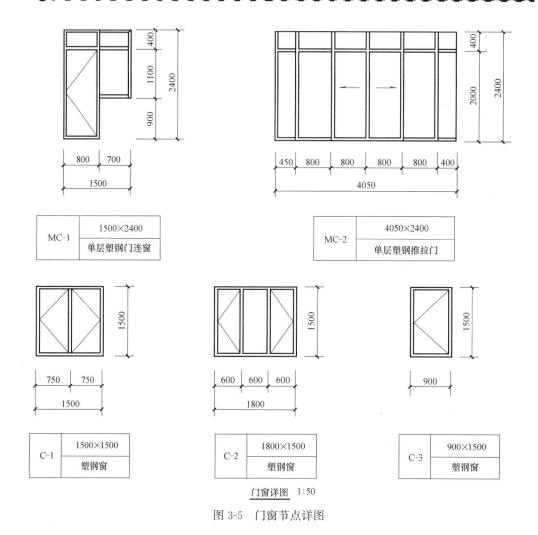

图 3-5　门窗节点详图

2. 节点详图

一般有剖面图、断面图、安装图等。节点详图比例较大，能表示各窗料的断面形状、定位尺寸、安装位置和窗框、窗扇的连接关系等内容。

铝合金门窗、塑钢门窗及钢门窗和木制门窗相比，在坚固、耐久、耐火和密闭等性能上都较优越，而且节约木材，透光面积较大，各种开启方式（如平开、翻转、立转、推拉等）都可适应，是目前在建筑工程中应用较多的门窗形式之一。铝合金门窗、塑钢门窗、木门窗的表达方式都是大同小异。

3.4.5　阳台详图

阳台详图包括阳台立面、平面、剖面、栏杆与扶手连接等详图。阳台立面详图与平面详图布图时应保持长对正的关系，并采用相同的比例，通常采用 1∶20 或 1∶30，实际上它们是建筑平面图、立面图的局部放大图。阳台剖面图的比例要比阳台平、立面图大一些，如 1∶10（也可与平面图、立面图同一比例），以表示阳台梁、板、栏杆扶手等构造情况。

3.5　园林建筑结构施工图

3.5.1　园林建筑结构施工图的内容和作用

在园林工程建设过程中，需要进行结构处理的主要是建筑物，建筑物是由结构构件（墙、柱、梁、板、基础等）和建筑的配件（门、窗、阳台、栏杆等）所组成的。结构构件在建筑中主要起承重作用，它们互相支承，连成整体，构成建筑物的承重结构，称为建筑结构。结构施工图主要表达结构构件的造型和布置、构件大小形状、构造、所用材料与配筋等情况，是进行构件制作与安装，编制施工概预算，编制施工进度的重要依据。

3.5.2　基础图

基础位于底层地面以下，是建（构）筑物的重要组成部分，它主要由基础墙（埋入地下的墙）和下部做成梯形的砌体（大放脚）组成。基础图是主要表示基础、地沟的平面布置和详细构造的图样，一般包括基础平面图、基础详图和文字说明三部分。它是施工放线、挖基坑和砌筑基础的依据，是结构施工图的重要组成部分。

1.　基础平面图

假想用水平面沿室内地面将建筑物剖开，移去截面以上的部位，所作出的水平剖面图称为基础平面图。

（1）基础平面图的内容和要求　基础平面图主要表示基础的平面布局，墙、柱与轴线的关系。基础平面图的内容如下：

1）图名、图号、比例、文字说明。为便于绘图，基础结构平面图可与相应的建筑平面图取相同的比例。

2）基础平面布置，即基础墙、构造柱、承重柱以及基础底面的形状、大小及其与轴线的相对位置关系，标注轴线尺寸、基础大小尺寸和定位尺寸。

3）基础梁（圈梁）的位置及其代号。基础梁的编号有 JL1（7）、JL2（4）等，圈梁标注为 JQL1、JQL2 等。JL1 的"JL"表示基础，"1"表示编号为 1，即 1 号基础梁。"（7）"表示 1 号基础梁共有 7 跨。"JQL1"的"JQL"表示基础圈梁，"1"表示编号为 1。

4）基础断面图的剖切线及编号，或注写基础代号，例如 JC、JC2、……

5）基础地面标高有变化时，应在基础平面图对应部位的附近画出剖面图来表示基底标高的变化，并且标注相应基底的标高。

6）在基础平面图上，应绘制与建筑平面相一致的定位轴，并且标注相同的轴间尺寸及编号。此外，还应注出基础的定形尺寸和定位尺寸。基础定形、定位尺寸标注的要求如下：

① 条形基础：轴线的基础轮廓的距离、基础坑宽、墙厚等；

② 独立基础：轴线到基础轮廓的距离、基础坑和柱的长、宽尺寸等；

③ 桩基础：轴线到基础轮廓的距离，其定形尺寸可在基础详图中标注或通用图中查阅。

7）线型。在基础平面图中，被剖切到基础墙的轮廓用粗实线，基础底部宽度用细实线，地沟为暗沟时用细虚线。图中，材料的图例线与建筑平面图的线型一致。

（2）基础平面图的识图方法

1）找定位轴。

2）找基础轮廓线。

3）尺寸对照文字注释识读并理解。

图 3-6 所示是一个弧形长廊的基础平面布局图和基础平面图。弧形长廊的内侧是钢筋混凝土柱，外侧是砖砌墙体，所以内外基础平面图形状有所不同，但是绘制方法及其要求都是相同的。右图是钢筋混凝土独立柱基础的平面图，可以看出柱与下部基础的尺度和位置关系以及基础底部钢筋网的布局形式。

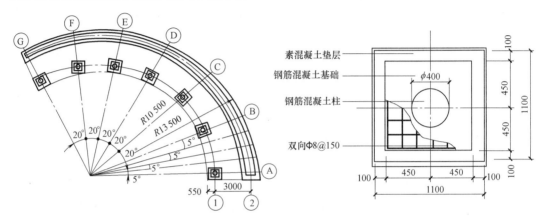

图 3-6　弧形长廊基础平面图

2. 基础详图

基础详图一般用平面图和剖面图表示，采用 1:20 的比例绘制，主要表示基础与轴线的关系、基础底标高、材料以及构造做法。

因基础的外部形状较简单，一般将两个或两个以上的编号的基础平面图绘制成一个平面图。但是要把不同的内容表示清楚，以便于区分。独立柱基础的剖切位置一般选择在基础的对称线上，投影方向一般选择从前向后投影。

（1）基础详图绘制的内容

1）图名（或基础代号）、比例、文字说明；

2）基础断面图中轴线及其编号（若为通用断面图，则轴线圆圈内不予编号）；

3）基础断面形状、大小、材料以及配筋；

4）基础梁和基础圈梁的截面尺寸及配筋；

5）基础圈梁与构造柱的连接作法；

6）基础断面的详细尺寸和室内外地面、基础垫层底面的标高；

7）防潮层的位置和作法。

（2）基础详图绘制的要求

基础剖切断面轮廓线用粗实线绘制，填充材料图例采用常用建筑材料图例。在基础详图中还应标注出基础各部分（例如基础墙、柱、基础垫层等）的详细尺寸、钢筋尺寸以及室内外地面标高和基础垫层底面（基础埋置深度）的标高，具体尺寸注法如图 3-7 所示。

图3-7所示为图3-6弧形长廊的基础详图，左侧是钢筋混凝土柱下独立基础的断面图，右侧是砖砌条形基础的断面图，两者的埋深相同，都是1.3m，垫层采用的是100mm厚C10素混凝土。由于结构不同，两种基础的尺度以及所填充的材料图例也各不相同。

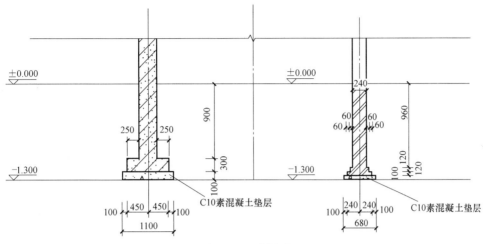

图3-7 基础详图

3.5.3 钢筋混凝土结构图

钢筋混凝土结构图由模板图、配筋图、预埋件详图和钢筋明细表等组成。它是制作构件时安装模板、钢筋加工、绑扎或焊接的依据。

1. 模板图

模板图主要表达构件的形状、大小、孔洞及预埋件的位置，是架设和制作模板的依据，其用法与建筑施工图类似，需标注详细尺寸。在实际工程中，当构件外形复杂或预埋件较多时，才需画出模板图。配筋图若能表达清楚外形，则不必画模板图。模板图的图示方法是按构件的外形绘制的视图，外形轮廓采用中粗实线绘制。

2. 配筋图

配筋图是表示构件内各种钢筋的形状、大小、数量、等级和配置情况的图样。主要包括立面图、断面图和钢筋详图。

（1）立面图

配筋立面图是假定构件为一透明体而画出的一个纵向正投影图。它主要表示构件内钢筋的立面形状及其上下排列位置。构件轮廓线用细实线画出，钢筋用粗实线表示。当钢筋的类型、直径、间距均相同时，可只画出其中一部分，其余可省略不画。

（2）断面图

配筋断面图是构件的横向剖切投影图。它主要表示构件内钢筋的上下和前后配置情况以及钢箍的形状等内容。一般在构件断面形状或钢筋数位置有变化之处均应画出断面图。构件断面轮廓线用细实线画出，钢筋横断面用黑圆点表示。

（3）钢筋详图

钢筋详图是按规定的图例画出的一种示意图。它主要表示钢筋的形状，以便于钢筋下料和加工成型。同一编号的钢筋只画一根，并注出钢筋的编号、数量（或间距）、等级、直径及各段的长度和总尺寸。

为了区分钢筋的等级、形状、大小，应将钢筋予以编号。钢筋编号是用阿拉伯数字写在直径为 6mm 的细实线圆内，并用指引线指向相应的钢筋。同时，在指引线的水平线段上，按规定的形式注出钢筋的等级、直径和根数。

3. 预埋件详图

基于构件连接、安装等的需要，在构件制作时需要将一些铁件预先固定在钢筋骨架上，浇混凝土后，使其一部分表面露在构件外面，这叫预埋件，如吊环、安装用钢板等，因此需要画出预埋件详图。

4. 钢筋明细表

为了备料、识图方便，在构件中常常会配合绘制一张钢筋明细表，简称钢筋表。钢筋表是加工钢筋、编制预算的基础。

4

园林工程施工图识图诀窍

4.1 园路工程施工图

4.1.1 园路工程施工图的内容

园路是园林的脉络，是联系各个风景点的纽带。园路在园林中起着组织交通的作用，同时更重要的功能是引导游览、组织景观、划分空间、构成园景。

园路施工图主要包括路线平面设计图、路线纵断面图、平面铺装详图和路基横断面图。园路工程施工图具体内容如下：

（1）指北针（或风玫瑰图），绘图比例（比例尺），文字说明；

（2）道路、铺装的位置、尺度，主要点的坐标，标高以及定位尺寸；

（3）小品主要控制点坐标及其定位尺寸；

（4）地形、水体的主要控制点坐标、标高以及控制尺寸；

（5）植物种植区域轮廓。

（6）对无法用标注尺寸准确定位的自由曲线园路、广场、水体等，应给出该部分局部放线详图，用放线网表示并标注控制点坐标。

4.1.2 园路工程施工图的绘制

1. 路线平面设计图

路线平面设计图主要表示各级园路的平面布置情况。园路线形应流畅、优美、舒展。内容包括园路的线形及与周围的广场和绿地的关系、与地形起伏的协调变化及与建筑设施的位置关系。园路的线形设计直接影响园林的整体设计构思及艺术效果。

为了便于施工，园路平面图采用坐标方格网控制园路的平面形状，其轴线编号应与总平面图相符，以表示它在总平面图中的位置，如图 4-1、图 4-2 所示。另外，也可用园路定位图控制园路的平面位置，如图 4-3 所示。

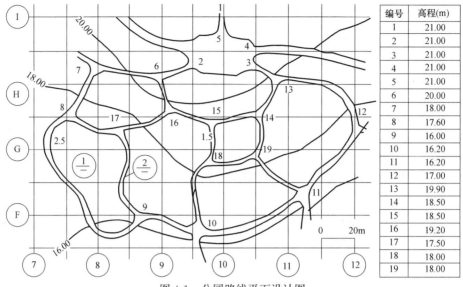

编号	高程(m)
1	21.00
2	21.00
3	21.00
4	21.00
5	21.00
6	20.00
7	18.00
8	17.60
9	16.00
10	16.20
11	16.20
12	17.00
13	19.90
14	18.50
15	18.50
16	19.20
17	17.50
18	18.00
19	18.00

图 4-1　公园路线平面设计图

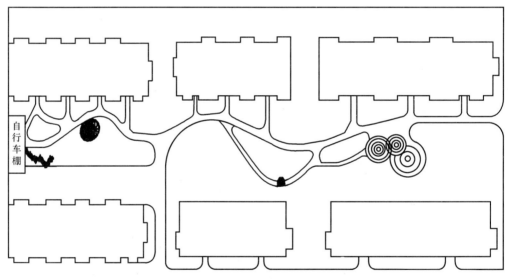

图 4-2　小区园路线形设计

2. 铺装详图

（1）平面铺装详图

施工设计阶段绘制的平面铺装详图用比例尺量取数值已不够准确，所以必须标注尺寸数据，如图 4-4 所示。

平面铺装详图还要表现路面铺装材料的材质和颜色，道路边石的材料和颜色，铺装图案放样等。对于不再进行铺装详图设计的铺装部分，应标明铺装风格、材料规格、铺装方式，并且应对材料进行编号。

（2）路基横断面图

路基横断面图是假设用垂直于设计路线的铅垂剖切平面进行剖切所得到的断面图，是计算土石方和路基的依据。

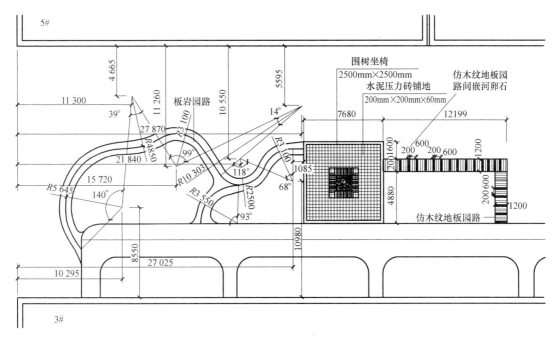

图 4-3　小区园路定位图

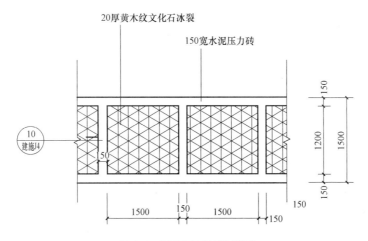

图 4-4　道路平面铺装详图

用路基横断面图表达园路的面层结构以及绿化带的布局形式，也可以与局部平面图配合，表示园路的断面形状、尺寸、各层材料、做法和施工要求，如图 4-5 所示。

对于结构不同的路段，应在平面图上以细虚线分界，虚线应垂直于园路的纵向轴线，并且在各段标注横断面详图索引符号。

4.1.3　园路的分类及平面布局

园路是园林的脉络，是联系各个风景点的纽带。园路在园林中起着组织交通的作用，同时更重要的功能是引导游览、组织景观、划分空间、构成园景。

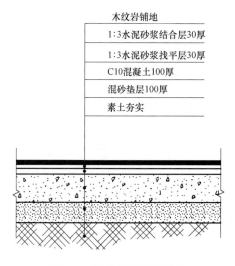

图 4-5 路基横断面图示例

1. 园路分类

（1）路堑型

凡是园路的路面低于周围绿地，道牙高于路面，起到阻挡绿地水土作用的一类园路，统称路堑型，如图 4-6 所示。

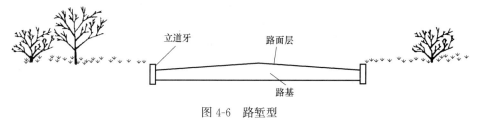

图 4-6 路堑型

（2）路堤型

路堤型是指园路路面高于两侧绿地，道牙高于路面，道牙外有路肩，路肩外有明沟和绿地加以过渡，如图 4-7 所示。

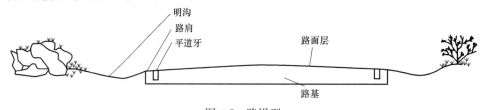

图 4-7 路堤型

（3）特殊型

特殊型有别于前两种类型，同时结构形式较多的一类统称为特殊型，如图 4-8 所示，包括步石、汀步、磴道、攀梯等。这类结构型的道路在现代园林中应用越来越广，其形态变化很大。应用得好，往往能达到意想不到的造景效果。

2. 平面布局

园路平面布局的三种形式如图 4-9 所示。

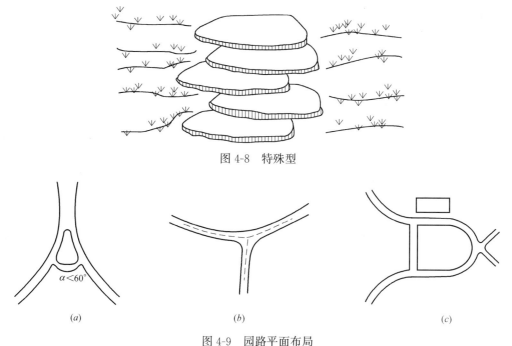

图 4-8　特殊型

图 4-9　园路平面布局

（*a*）两路交叉处设立三角绿地；（*b*）三条园路交汇时，其中心线交于一点；
（*c*）在两条主干道间设置捷径

园路的设计原则如下：

（1）因地制宜的原则

园路的布局设计，除了依据园林工程建设的规划形式外，还必须结合地形地貌设计。一般园路宜曲不宜直，贵在合乎自然，追求自然野趣，依山随势，回环曲折；曲线要自然流畅，犹若流水，随地势就形。

（2）满足实用功能，体现以人为本的原则

在园林中，园路设计也必须遵循供人行走为先的原则。也就是说，设计修筑的园路必须满足导游和组织交通的作用，要考虑到人总喜欢走捷径的习惯，所以园路设计必须首先考虑为人服务、满足人的需求；否则，就会导致修筑的园路少人走，而无园路的绿地却被踩出了园路。

（3）切忌设计无目的、死胡同的园路

园林工程建设中的道路应形成一个环状道路网络，四通八达，道路设计要做到有的放矢，因景设路，因游设路，不能漫无目的，更不能使游人正在游兴时"此路不通"，这是园路设计最忌讳的。

（4）综合园林造景进行布局设计的原则

园路是园林工程建设造景的重要组成部分，园路的布局设计一定要坚持以路为景服务，要做到因路通景，同时也要使路和其他造景要素很好地结合，使整个园林更加和谐并创造出一定的意境来。

设计要点如下：

（1）两条自然式园路相交于一点，所形成的对角不宜相等。道路需要转换方向时，离原交叉点要有一定长度作为方向转变的过渡。如果两条直线道路相交时，可以正交，也可以斜交。为了美观、实用，要求交叉在一点上，对角相等，这样就显得自然、和谐。

（2）两路相交所呈的角度一般不宜小于 60°。若由于实际情况限制，角度太小，可以在交叉处设立一个三角绿地，使交叉所形成的尖角得以缓和。

（3）若三条园路相交在一起时，三条路的中心线应交汇于一点上，否则显得杂乱。

（4）由主干道上发出来的次干道分叉的位置，宜在主干道凸出的位置处，这样就显得流畅自如。

（5）在较短的距离内道路的一侧不宜出现两个或两个以上的道路交叉口，尽量避免多条道路交接在一起。如果避免不了，则需在交接处形成一个广场。

（6）凡道路交叉所形成的大小角都宜采用弧线，每个转角要圆润。

（7）自然式道路在通向建筑正面时，应逐渐与建筑物对齐并趋垂直。在顺向建筑时，应与建筑趋于平行。

4.1.4　园路的结构设计

1. 路面结构层

园路路面结构一般由面层、结合层、基层组合而成，如图 4-10 所示。

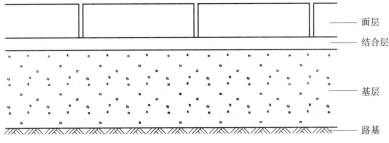

图 4-10　路面结构层示意图

（1）面层　面层是园路路面最上面的一层，其作用是直接承受人流、车辆的压力，以及气候、人为等各种破坏，同时具有装饰、造景等作用。从工程设计上，面层设计要保证坚固、平稳、耐磨耗，具有一定的粗糙度，同时在外观上尽量美观大方，与园林绿地景观融为一体。

（2）基层　在土基之上，主要起承重作用，具体地说，其作用为两方面：一是支承由面层传下来的荷载；二是把此荷载传给土基。由于基层处于结合层和土基之间，不直接受车辆、人为及气候条件等因素影响，因此对造景本身也就不影响。所以，从工程设计上注意两点：一是对材料要求低，一般用碎（砾）石、灰土或各种工业废渣筑成；二要根据荷载层及面层的需要达到应有的厚度。

（3）结合层　在采用块料铺筑面层时，在面层和基层之间的一层叫结合层。结合层的主要作用是结合面层和基层，同时起到找平的作用，一般用 30~50mm 粗砂、水泥砂浆或白灰砂浆。

2. 石板嵌草路

首先将素土夯实，然后平铺厚 50mm 的黄砂，最后铺设厚 100mm 的石板，石缝为 30~50mm，中间嵌草。如图 4-11 所示。

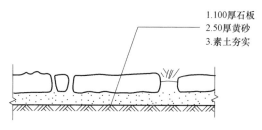

图 4-11　石板嵌草路

注：石缝 30～50mm 嵌草。

3. 卵石嵌花路

首先将素土夯实，然后铺一步灰土，再平铺厚 50mm 的 M2.5 混合砂浆，最后将 70mm 的预制混凝土嵌卵石平铺于混合砂浆上。如图 4-12 所示。

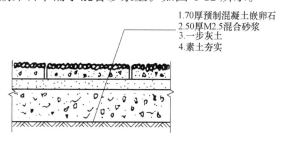

图 4-12　卵石嵌花路

4. 预制混凝土方砖路

首先将素土夯实，然后铺厚 150～250mm 的灰土，再平铺厚 50mm 的粗砂，最后平铺 500mm×500mm×100mm 的 C15 混凝土方砖。如图 4-13 所示。

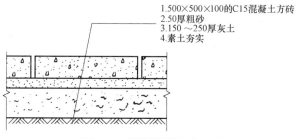

图 4-13　预制混凝土方砖路

注：胀缝加 10mm×95mm 橡胶条。

5. 现浇水泥混凝土路

首先将素土夯实，再平铺厚 80～120mm 的碎石，最后浇筑厚 80～150mm 的 C15 混凝土。如图 4-14 所示。

6. 卵石路

首先将素土夯实，再铺一层厚 150～250mm 的碎砖三合土，然后浇筑一层厚 30～50mm 的 M2.5 混合砂浆，最后铺上

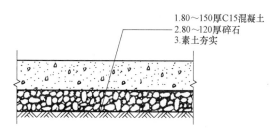

图 4-14　现浇水泥混凝土路

注：基层可用二渣（水泥渣、散石灰），三渣（水泥渣、散石灰、道渣）

一层厚 70mm 的混凝土栽小卵石块。如图 4-15 所示。

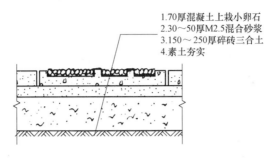

1.70厚混凝土上栽小卵石
2.30～50厚M2.5混合砂浆
3.150～250厚碎砖三合土
4.素土夯实

图 4-15　卵石路

7. 沥青碎石路

首先将底层素土夯实，再铺一层厚 150mm 的碎砖或白灰、炉渣，然后平铺一层厚 50mm 的泥结碎石，最后用厚 10mm 的柏油作表面处理。如图 4-16 所示。

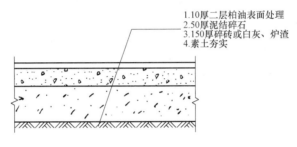

1.10厚二层柏油表面处理
2.50厚泥结碎石
3.150厚碎砖或白灰、炉渣
4.素土夯实

图 4-16　沥青碎石路

8. 步石

首先将底层素土夯实，然后用毛石或厚 100mm 的混凝土板作基石，最后将大块毛石埋置于基石上。如图 4-17 所示。

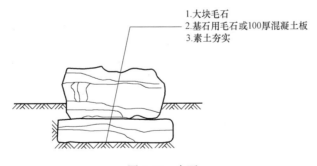

1.大块毛石
2.基石用毛石或100厚混凝土板
3.素土夯实

图 4-17　步石

4.1.5　路面装饰设计

1. 砖铺路面

砖铺路面的几种形式如图 4-18 所示。园林铺地多用青砖，风格朴素淡雅，施工简便，可以拼凑成各种图案。砖铺地适于庭院和古建筑物附近。因其耐磨性差，容易吸水，适用于冰冻不严重和排水良好之处；因易生青苔而行走不便，不宜用于坡度较大和阴湿地段。目前，已有采用彩色水泥仿砖铺地，效果较好。日本、欧美等国尤喜用红砖或仿缸砖铺地，色彩明快、艳丽。

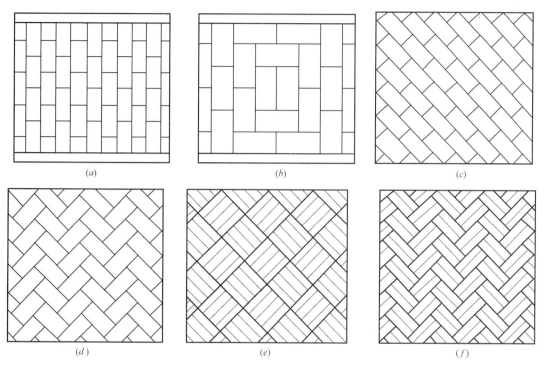

图 4-18　砖铺路面的形式

（a）联环锦纹（平铺）；（b）包袱底纹（平铺）；（c）席纹（平铺）；

（d）人字纹（平铺）；（e）间方纹（仄铺）；（f）丹墀（仄铺）

大青方砖规格为 $500mm \times 500mm \times 100mm$，平整、庄重、大方，多用于古典庭院。

2. 冰纹路面

冰纹路面的两种形式如图 4-19 所示。冰纹路面是用边缘挺括的石板模仿冰裂纹样铺

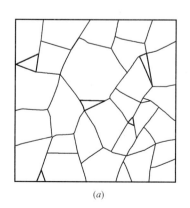
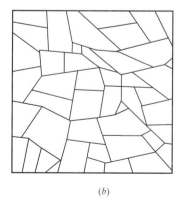

图 4-19　冰纹路面的形式

（a）块石冰纹；（b）水泥仿冰纹

砌的地面，石板间接缝呈不规则折线，用水泥砂浆勾缝。冰纹路面多为平缝和凹缝，以凹缝为佳。也可不勾缝，便于草皮长出成冰裂纹嵌草路面。还可做成水泥仿冰纹路，即在现浇混凝土路面初凝时，模印冰裂纹图案，表面拉毛，效果也较好。冰纹路适用于池畔、山谷、草地、林中的游步道。

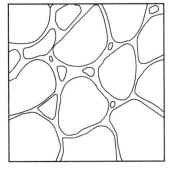

图 4-20　乱石路面

3. 乱石路面

乱石路面如图 4-20 所示。乱石路面是用天然块石大小相间铺筑的路面，采用水泥砂浆勾缝。石缝曲折自然，表面粗糙，具有粗犷、朴素、自然质感。冰纹路、乱石路也可用彩色水泥勾缝，增加色彩变化。

4. 预制混凝土方砖路面

预制混凝土方砖路面的几种形式如图 4-21 所示。用预先模制成的混凝土方砖铺砌的路面，形状多变，图案丰富（如各种几何图形、花卉、木纹、仿生图案等）。也可添加无机矿物颜料制成彩色混凝土砖，色彩艳丽。路面平整、坚固、耐久，适用于园林中的广场和规则式路段上，也可做成半铺装留缝嵌草路面。

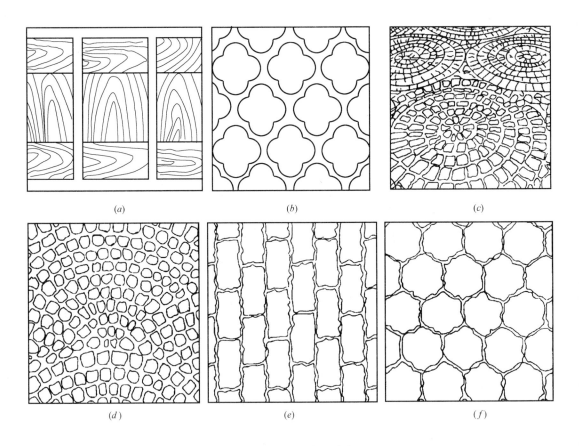

(a)　　　　　　　　　　(b)　　　　　　　　　　(c)

(d)　　　　　　　　　　(e)　　　　　　　　　　(f)

图 4-21　预制混凝土方砖路面

(a) 仿木纹混凝土嵌草路；(b) 海棠纹混凝土嵌草路；(c) 彩色混凝土拼花纹；
(d) 仿块石地纹；(e) 混凝土花砖地纹；(f) 混凝土基砖地纹

4.1.6　园路施工图的识图

园路的构造要求基础稳定、基层结实、路面铺装自然美观。园路的宽度一般分为三级，即主干道、次干道和游步道。主干道6～7m，贯穿全园各景区，多呈环状分布；次干道2.5～4m，是各景区内的主要游览交通路线；游步道是深入景区内游览和供游人漫步休息的道路，双人游步道1.5～2m，单人游步道0.6～0.8m。道路的坡度要考虑排水效果，一般不小于3%。纵坡一般不大于8%。如自然地势过大，则要考虑采用台阶或防滑坡。不同级别的道路承载要求不同，因此要根据不同等级确定断面层数和材料。

园路施工图主要包括园路路线平面图、路线纵断面图、路基横断面图、铺装详图和园路透视效果图，用来说明园路的游览方向和平面位置、线型状况以及沿线的地形和地物、纵断面标高和坡度、路基的宽度和边坡、路面结构、铺装图案、路线上的附属构筑物如桥梁、涵洞、挡土墙的位置等。

1. 路线平面图

路线平面图的任务是表达路线的线型（直线或曲线）状况和方向，以及沿线两侧一定范围内的地形和地物等。地形和地物一般用等高线和图例来表示，图例画法应符合《总图制图标准》GB/T 50103—2010的规定。

路线平面图一般所用比例较小，通常采用（1∶500）～（1∶2000）的比例，所以在路线平面图中依道路中心画一条粗实线来表示路线。如比例较大，也可按路面宽画双线表示路线。新建道路用中粗线，原有道路用细实线。路线平面由直线段和曲线段（平曲线）组成，图4-22是道路平面图图例画法，R9表示转弯半径9m，150.00为路面中心标高，纵向坡度6%，变坡点间距101.00，JD2是交角点编号。

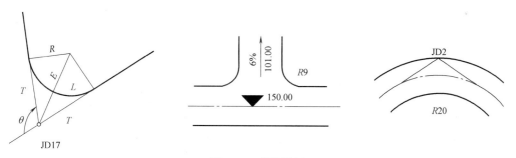

图4-22　道路图例

图4-23是用单线画出的路线平面图。为清楚地看出路线总长和各段长，一般由起点到终点沿前进方向左侧注写里程桩，符号 。沿前进方向右侧注写百米桩。路线转弯处要注写转折符号，即交角点编号，例如JD17表示第17号交角点。沿线每隔一定距离设水准点，BM.3表示3号水准点，73.837是3号水准点高程。

在图纸的适当位置画路线平曲线表，按交角点编号表列平曲线要素，包括交角点里程桩、转折角α（按前进方向右转或左转）、曲线半径R、切线长T、曲线长L、外距E（交角点到曲线中心距离）。如图4-23所示。

如路线狭长需要画在几张图纸上时，应分段绘制。如图4-24所示，路线分段应在整数里程桩断开。断开的两端应画出垂直于路线的接线图（点画线）。接图时应以两图的路

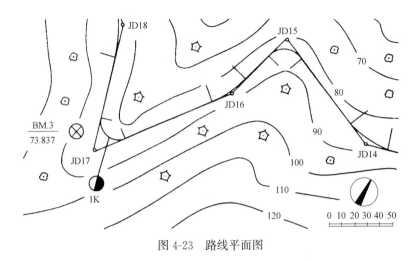

图 4-23　路线平面图

线"中心线"为准，并将接图线重合在一起，指北针同向。每张图纸右上角应绘出角标，注明图纸序号和图纸总张数，在最后一张图的右下角绘出图标和比例尺。

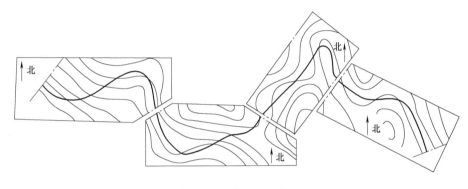

图 4-24　路线图拼接

2. 路线纵断面图

路线纵断面图用于表示路线中心地面的起伏状况。纵断面图是用铅垂剖切面沿着道路的中心进行剖切，然后将剖切面展开成一立面，纵断面的横向长度就是路线的长度。园路立面由直线和竖曲线（凸形竖曲线和凹形竖曲线）组成。

由于路线的横向长度和纵向长度之比相差很大，因此路线纵断面图通常采用两种比例，如长度采用 1：2000，高度采用 1：200，相差 10 倍。

路线纵断面图用粗实线表示顺路线方向的设计坡度线，简称设计线。地面线用细实线绘制，具体画法是将水准测量测得的各桩高程按图样比例点绘在相应的里程桩上，然后用细实线顺序连接各点，故纵断面图上的地面线为不规则曲折状。

设计线的坡度变更处，两相邻纵坡度之差超过规定数值时，变坡处需要设置一段圆弧竖曲线，顺序把各点连接两相邻纵坡。应在设计线上方表示凸形竖线和凹形竖线，标出相邻纵坡交点的里程桩和标高，竖曲线半径、切线长、外距、竖曲线的始点和终点。如变坡点不设置竖曲线时，则应在变坡点注明"不设"。路线上的桥涵构筑物和水准点都应按所在里程注在设计线上，标出名称、种类、大小、桩号等，如图 4-25 所示。

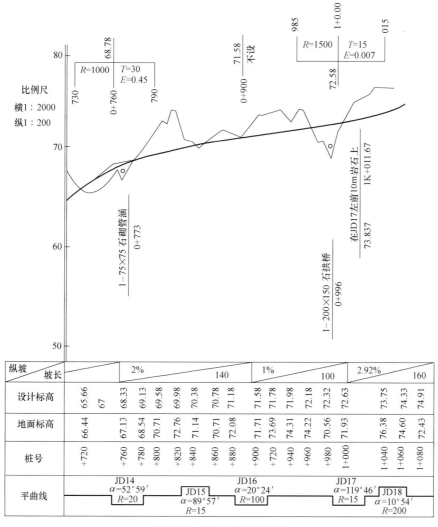

图 4-25　某园路纵断面图

从图中可以看出：在 K0＋760 处有一半径为 1000m 的凸竖曲线，在 K1＋1000 处有一半径为 1500m 的凹竖曲线，在 K0＋760～K0＋900 的纵坡为 2％，坡长为 140m，K0＋900～K0＋0.00 的纵坡为 1％，坡长为 100m，K1＋0.00～K1＋80 的纵坡为 2.92％，坡长为 160m。还有 5 个平曲线，分别在 K0＋760、K0＋840、K0＋900、K1＋0.00 和 K1＋40.00 处，半径分别为 20m、15m、100m、15m、200m。

在图样的正下方还应绘制资料表，主要内容包括：每段设计线的坡度和坡长，用对角线表示坡度方向，对角线上方标坡度，下方标坡长，水平段用水平线表示；每个桩号的设计标高和地面标高；平曲线（平面示意图），直线段用水平线表示，曲线用上凸和下凹图线表示，标注交角点编号、转折角和曲线半径。资料表应与路线纵断面图的各段一一对应。路线纵断面图用透明方格纸画，一般总有若干张图样。

3. 路基横断面图

道路的横断面形式依据车行道的条数通常可分为"一块板"（机动与非机动车辆

在一条车行道上混合行驶，上行下行不分隔）、"二块板"（机动与非机动车辆混驶，但上下行由道路中央分隔带分开）等几种形式，公园中常见的路多为"一块板"。通常在总体规划阶段会初步定出园路的分级、宽度及断面形式等，但在进行园路技术设计时仍需结合现场情况重新进行深入设计，选择并最终确定适宜的园路宽度和横断面形式。

园路宽度的确定依据其分级而定，应充分考虑所承载的内容，园路的横断形式最常见的为"一块板"形式，在面积较大的公园主路中偶尔也会出现"二块板"的形式。园林中的道路不像城市中的道路那样具有一定的程式化，有时道路的绿化带会被路侧的绿化所取代，变化形式较灵活。

路基横断面图是用垂直于设计路线的剖切面进行剖切所得到的图形，作为计算土石方和路基施工依据。路基横断面图一般有三种形式：填方段（称路堤）、挖方段（称路堑）和半填半挖路基。路基横断面图一般用1:50、1:100、1:200的比例。通常画在透明方格纸上，便于计算土方量。

图4-26所示为路基横断面示意图，沿道路路线一般每隔20m画一路基横断面图，沿着桩号从下到上、从左到右布置图形。

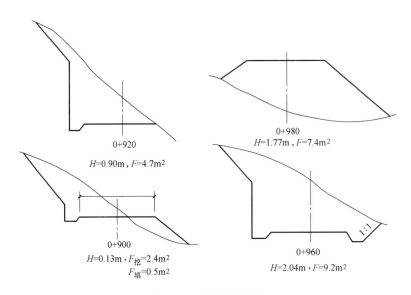

图 4-26　路基横断面图

4. 铺装详图

铺装详图用于表达园路面层的结构和铺装图案。如图4-27所示是一段园路的铺装详图。

图示用平面图表示路面装饰性图案，常见的园路路面有：花街路面（用砖、石板、卵石组成各种图案）、卵石路面、混凝土板路面、嵌草路面、雕刻路面等。雕刻和拼花图案应画平面大样图，路面结构用断面图表达。路面结构一般包括面层、结合层、基层、路基等，如图4-27中1-1断面图。当路面纵坡坡度超过12°时，在不通车的游步道上应设台阶，台阶高度一般120～170mm，踏步宽300～380mm，每8～10级设一平台段，如

图 4-27 中 2-2 断面图表达台阶的结构。

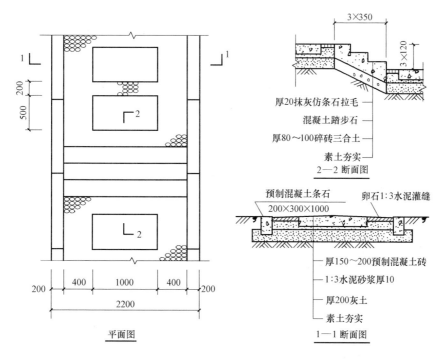

图 4-27　铺装详图

5. 园路工程施工图识图步骤

通常园路工程施工图的识图应按照以下几个步骤进行：

(1) 图名、比例；

(2) 了解道路宽度，广场外轮廓具体尺寸，放线基准点和基准线坐标；

(3) 了解广场中心部位和四周标高，回转中心标高和高处标高；

(4) 了解园路、广场的铺装情况，包括：根据不同功能所确定的结构、材料、形状（线型）、大小、花纹、色彩、铺装形式、相对位置、做法处理和要求；

(5) 了解排水方向和雨水口位置。

现以图 4-28 为例，说明某小区花园园路施工图的读图方法和步骤。

(1) 图（a）中，花园左侧紧邻新华东路，围绕花园铺设人行道，人行道和花园广场之间用绿篱隔开，从人行道下部上台阶到达园路一，园路一宽度为 2000mm；园路二主要负责连接花坛一和雕塑广场，宽度也为 2000mm，采用地砖拼花；园路三用于连接雕塑广场及广场三，宽度则变为 1500mm。另外，青石板汀步用于联系主要园路。

(2) 图（b）中，园路一结构底层素土夯实，上垫一层 100mm 厚的碎石，然后铺一层 100mm 厚 C15 细石混凝土，路面部分铺一层 30mm 厚 M7.5 水泥砂浆，最上面铺层碎鹅卵石。路面坡度是 0.01，由中间向两边倾斜，利于排水。

(3) 图（c）中，剖面图详细标注了园路二的路基结构，平面图则把园路二的路宽、铺路材质及路边道牙的设置标注得非常清楚。

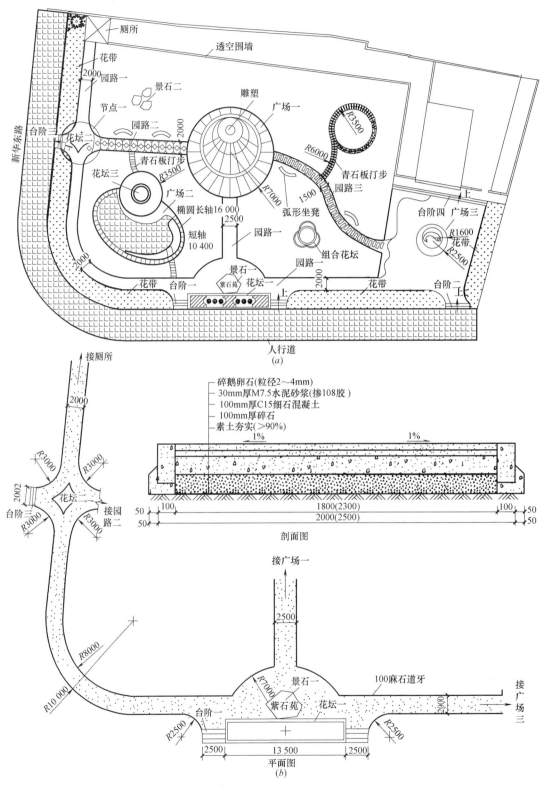

图 4-28　某小区花园园路施工图（一）

（a）总平面图；（b）园路一的道路详图

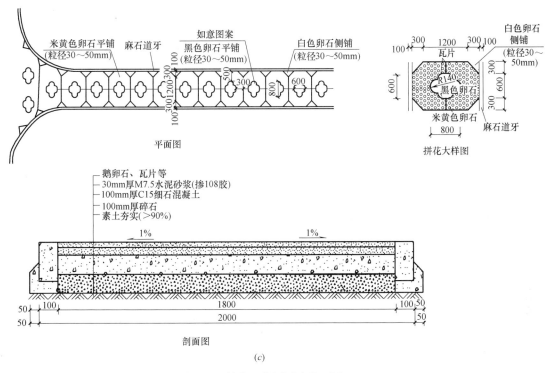

图 4-28　某小区花园园路施工图（二）

（c）园路二的道路详图

4.2　园桥工程施工图

4.2.1　园桥的造型形式

常见的园桥造型形式，归纳起来主要可分为以下几类：

1. 平桥

平桥有木桥、石桥、钢筋混凝土桥等，如图 4-29 所示。桥面平整，结构简单，平面形状为一字形。桥边常不做栏杆或只做矮护栏。桥体的主要结构部分是石梁、钢筋混凝土直梁或木梁，也常见直接用平整石板、钢筋混凝土板作桥面而不用直梁的。

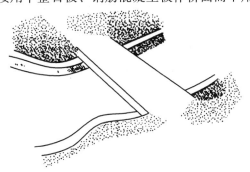

图 4-29　平桥

2. 平曲桥

基本情况和一般平桥相同，如图 4-30 所示。桥的平面形状不为一字形，而是左右转折的折线形。根据转折数，可有三曲桥、五曲桥、七曲桥、九曲桥等。桥面转折多为 90°直角，但也可采用 120°钝角，偶尔还可用 150°转角。平曲桥桥面设计为低而平的效果最好。

3. 拱桥

常见有石拱桥和砖拱桥，也少有钢筋混凝土拱桥，如图 4-31 所示。拱桥是园林中造景用桥的主要形式。其材料易得，价格便宜，施工方便；桥体的立面形象比较突出，造型可有很大变化；并且，圆形桥孔在水面的投影也十分好看；因此，拱桥在园林中应用极为广泛。

图 4-30 平曲桥

图 4-31 拱桥

4. 亭桥、廊桥

在桥面较高的平桥或拱桥上修建亭子，就做成亭桥，如图 4-32 所示。亭桥是园林水景中常用的一种景物，它既是供游人观赏的景物点，又是可停留其中向外观景的观赏点。廊桥与亭桥相似，如图 4-33 所示，也是在平桥或平曲桥上修建风景建筑，只不过其建筑是采用长廊的形式罢了。廊桥的造景作用和观景作用与亭桥一样。

图 4-32 亭桥

图 4-33 廊桥

5. 吊桥、浮桥

吊桥是以钢索、铁链为主要结构材料（在过去则有用竹索或麻绳的），将桥面悬吊在水面上的一种园桥形式。这类吊桥吊起桥面的方式又有两种：一是全用钢索铁链吊起桥面，并作为桥边扶手，如图 4-34 左图所示；二是在上部用大直径钢管做成拱形支架，从拱形钢管上等距地垂下钢制缆索，吊起桥面，如图 4-34 右图所示。吊桥主要用在风景区的河面上或山沟上面。将桥面架在整齐排列的浮筒（或舟船）上，可构成浮桥，如图 4-35 所示。浮桥适用于水位常有涨落而又不便人为控制的水体中。

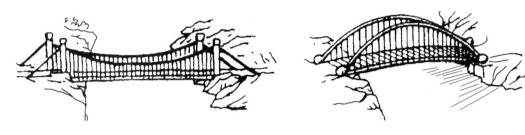

图 4-34 吊桥

6. 栈桥与栈道

架长桥为道路，是栈桥和栈道的根本特点。严格地讲，这两种园桥并没有本质上的区别，只不过栈桥更多地独立设置在水面上或地面上，如图 4-36 所示；而栈道则更多地依傍在山壁或岸壁。

7. 汀步

这是一种没有桥面、只有桥墩的特殊的桥，或者也可以说是一种特殊的路，是采用线状排列的步石、混凝土墩、砖墩或预制的汀步构件布置在浅水区、沼泽区、沙滩上或草坪上形成的能够行走的通道，如图 4-37 所示。

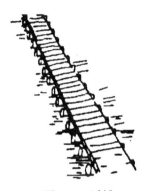

图 4-35 浮桥

图 4-36 栈桥

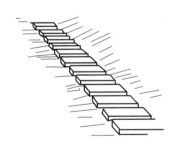

图 4-37 汀步

4.2.2 园桥的建造原则与作用

1. 园桥的建造原则

在小水面上修建简易桥，不要超过 75cm 宽，由跨越在两岩的厚石板和桥墩组成，两边的地面要坚实、水平。桥墩可以突出，也可以沉入水面。

木制的小桥或栈桥尽管在视觉上力求美观，但首先要考虑其实用性。图 4-38 中木制的小桥或栈桥为游客们从另一个角度来观赏水景提供了机会。

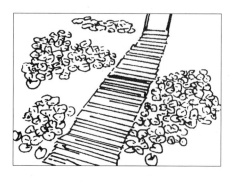

图 4-38　木质小桥（栈桥）

任何桥梁或堤岸的建造必须要有一个牢固的桥基。这不仅对人们的安全通行是必要的，也保证了桥梁或栈桥的稳定性。如果桥基不够牢固，即使一座普通的小桥，受其自身重量的影响也会下陷。混凝土浇筑的桥基看起来更能经历风吹日晒。其理想的做法是：桥身用螺栓固定在埋于地下约 60cm 的混凝土地基座上。混凝土地基座应在合适的地方浇筑好，在其还没干透时就把螺栓固定其上。

栈桥事实上是延展的小桥，帮助游客穿过比较大型开阔的水域。栈桥也可以是低矮而又交错间隔、十字形花样排列的木板铺设，引领游客驻足其上，欣赏一小型水景。小桥的支柱通常固定在两岸上，栈桥多用水中的支柱来支撑。

修建栈桥支柱最简单的方法是直接把短短的一节一节的金属套筒与混凝土基座凝固在一起，或是用螺栓把金属支柱套固定到炉渣砌块上。安装时，把木支柱腿固定在金属套筒内，上面钉上用以支撑栈桥表面木板的横梁。如果在衬砌水池中修建这样的支柱，支柱下面一定要铺上一层厚厚的绒头织物衬垫，以免损坏衬垫。

在修建木桥或栈桥时，一定要考虑厚木板的排列方式。一般情况下，如果木板从河岸一端向另一端纵长排列，可能会迅速穿过小桥；如果木板是纵横交错、间隔排列，人很有可能在小桥上留恋徘徊，驻足观赏水面那悠然风光。

2. 园桥的作用

只要园林中有小河、溪流或其他水面，人们就自然而然有一种渴望：架一座小桥横跨其上，换一个角度来欣赏这迷人的湖光山色。

站在图 4-39 所示的桥上，自上而下欣赏脚下的水景，给人一种飘飘欲仙的感觉。图 13-40 所示拱桥可以提供一条穿过小河或溪流的通道，但要穿过一片开阔的水域或沼泽湿地，则需要架起栈桥。这些小桥非常简洁，而正是这种简洁、明快赋予它们独特的魅力。一块线条粗犷的石板，或一大块厚而结实的木板，横跨小河或溪流之上，就成为一座简易、稳固的桥梁，可以通往心驰神往的彼岸。

图 4-39　拱桥

另外，桥本身就是园林中的一道风景，为庭园平添不少情趣。桥可以联系交通、沟通景区，组织游览路线，更以其造型优美形式多样成为园林中重要造景小品之一。大型水景庭园多用土桥、曲桥和多架桥；小型庭园则用石桥、平桥和单架桥为多。石梁可表现深山谷涧，木桥可表现荒村野渡，石桥则表现田园景象。小庭园中的桥构成较简单，多为一石飞架南北，也有两块石板并列的，其两端各左右两个守桥石。

在规划设计桥时，桥应与园林道路系统配合、方便交通；联系游览路线与观景点；注意水面的划分与水路通行与通航；组织景区分隔与联系的关系。图 4-40 所示为一座相当简易而且野趣的桥，完全由自然的原材料建成，令人不禁想去探探险。

图 4-40　原木桥

4.2.3　园桥的构造

园林工程中常见的拱桥有钢筋混凝土拱桥、石拱桥、双曲拱桥、单孔平桥等，在此处主要介绍石拱桥与单孔平桥。

1. 小石拱桥

石拱桥可修筑成单孔或多孔的，如图 4-41 所示为小石拱桥构造示意图。

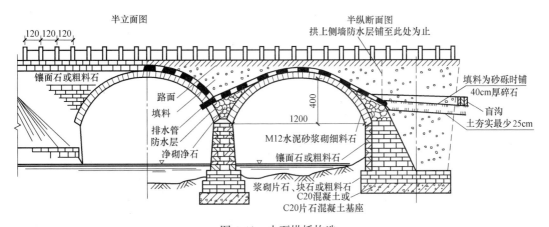

图 4-41　小石拱桥构造

单孔拱桥主要由拱圈、拱上构造和两个桥台组成。拱圈是拱桥主要的承重结构。拱圈的跨中截面称为拱顶，拱圈与桥台（墩）连接处称为拱脚或起拱面。拱圈各横向截面的形心连线称为拱轴线。当跨径小于 20m 时，采用圆弧线，为林区石拱桥所多见；当跨径大于或等于 20m 时，则采用悬链线形。拱圈的上曲面称为拱背，下曲面称为拱腹。起拱面与拱腹的交线称为起拱线。在同一拱圈中，两起拱线间的水平距离称为拱圈的净跨径（L_0），拱顶下缘至两起拱线连线的垂直距离称为拱圈的净矢高（f_0），矢高与跨径之比（f_0/L_0）称为矢跨比（又称拱矢度），是影响拱圈形状的重要参数。

拱圈以上的构造部分叫做拱上构造，由侧墙、护拱、拱腔填料、排水设施、桥面、檐石、人行道、栏杆、伸缩缝等结构组成。

2. 单孔平桥

如图 4-42 所示为单孔平桥构造示意图。

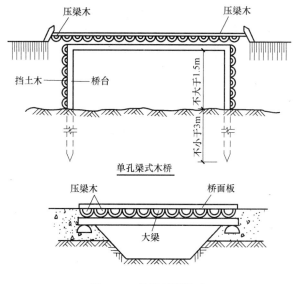

图 4-42 单孔平桥构造

4.2.4 园桥工程施工图的识图

1. 总体布置图

如图 4-43 所示，是一座单孔实腹式钢筋混凝土和块石结构的拱桥总体布置图。

（1）平面图 平面图一半表达外形，一半采用分层局部剖面表达桥面各层构造。平面图还表达了栏杆的布置和檐石的表面装修要求。平面图的主要尺寸有：桥面宽 3300mm、桥身宽 4000mm、基底宽 4500mm，侧墙基和栏板的宽相等。

（2）立面图 立面图采用半剖，主要表达拱桥的外形、内部构造、材料要求和主要尺寸。立面图的主要尺寸有：净跨径 5000mm、净矢高 1700mm、拱圈半径 2700mm、桥顶标高、地面标高和基底标高、设计水位等。

2. 构件详图

桥台详图表达桥台各部分的详细构造和尺寸、台帽配筋情况。横断面图表达拱圈和拱上结构的详细构造和尺寸以及拱圈和檐石望柱的配筋情况。在拱桥工程图中，栏杆望柱、抱鼓石、桥心石等都应画大样图表达它们的样式，如图 4-44 所示。

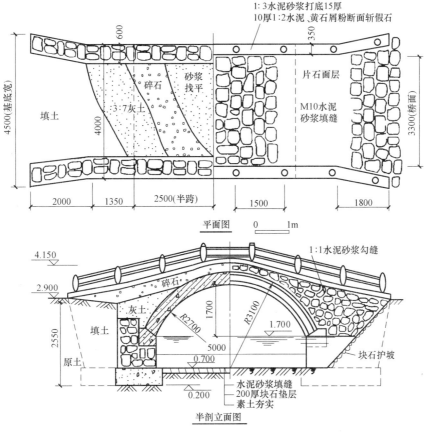

图 4-43 拱桥总体布置图

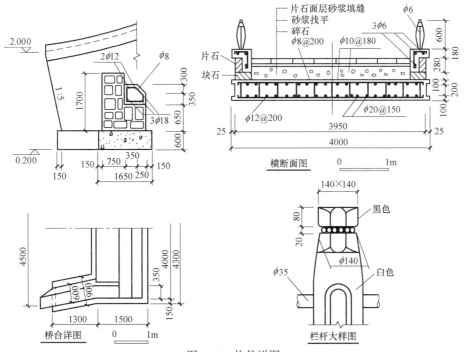

图 4-44 构件详图

3. 工程说明

用文字注写桥位所在河床的工程地质情况，也可绘制地质断面图，还应注写设计标高、矢跨比、限载吨位以及各部分的用料要求和施工要求等。

4. 园桥工程施工图识图步骤

通常，园桥工程施工图的识图应按照以下几个步骤进行：

（1）看图必须由大到小、由粗到细。园桥施工图识图时，应首先看设计说明和桥位平面、桥梁总体布置图，并且与梁的纵断面图和横断面图（即立面图）结合起来看，然后再看构造图、钢筋图和详图。

（2）仔细阅读设计说明或附注。凡是图样上无法表示而又直接与工程密切相关的一切要求，一般会在图样上用文字说明表达出来，因此必须仔细阅读。

（3）牢记常用符号和图例。为了方便，有时图样中有很多内容用符号和图例表示，因此一般常用的符号和图例必须牢记。这些符号和图例也已经成为设计人员和施工人员进行有效沟通的语言。

（4）注意尺寸标注单位。工程图样上的尺寸单位一般有三种：m、cm 和 mm。标高和桥位平面图一般用"m"，桥梁各部分结构的尺寸一般用"cm"，钢筋直径用"mm"。具体的尺寸单位，必须认真阅读图样的"附注"内容得到。

（5）不得随意更改图样。如果对于园桥工程图样的内容，有任何意见或者建议，应该向有关部门（一般是监理单位）提出书面报告，与设计单位协商并由设计单位确认。

4.3 假山工程施工图

4.3.1 假山的类型与作用

1. 假山的类型

（1）按材料，可分为土山、石山和土石相间的山。

（2）按施工方式，可分为筑山、掇山、凿山和塑山。

（3）按在园林中的位置和用途，可分为园山、厅山、楼山、阁山、书房山、池山、室内山、壁山和兽山。

（4）按假山的组合形态，分为山体和水体，山体包括峰、峦、顶、岭、谷、壑、岗、壁、岩、岫、洞、坞、麓、台、磴道和栈道；水体包括泉、瀑、潭、溪、涧、池、矶和汀石等。山水宜结合一体，才相得益彰。

2. 假山的作用

（1）骨架功能　利用假山形成全园的骨架，现存的许多中国古代园林莫不如此。整个园子的地形骨架、起伏、曲折皆以假山为基础来变化。

（2）空间功能　利用假山，可以对园林空间进行分隔和划分，将空间分成大小不同、形状各异、富于变化的形态。通过假山的穿插、分隔、夹拥、围合、聚汇，在假山区可以创造出路的流动空间、山坳的闭合空间、峡谷的纵深空间、山洞的拱穹空间等等各具特色的空间形式。

（3）造景功能　假山景观是自然山地景观在园林中的再现。自然界奇峰异石、悬崖峭壁、层峦叠嶂、深峡幽谷、泉石洞穴、海岛石礁等等景观形象，都可以通过假山石景在园林中再现出来。

（4）工程功能　用山石作驳岸、挡土墙、护坡和花台等。在坡度较陡的土山坡地常散置山石以护坡，这些山石可以阻挡和分散地面径流，降低地面径流的流速，从而减少水土流失。

（5）使用功能　可以用假山作为室内外自然式的家具或器设。如石屏风、石榻、石桌、石几、石凳、石栏等，既不怕日晒夜露又可结合造景。

4.3.2　假山工程施工图的内容和用途

假山工程施工图包括平面图、立面图、剖面图和详图。

1. 平面图

主要表达假山的平面形状结构，尤其是底面和顶面的水平面形状特征和相互位置关系；周围的地形、地貌，如构筑物、地下管道、植物和其他造园设施的位置、大小及山石间的距离；假山的占地面积、范围采用直角坐标网直接表示，注明必要的标高表示各处高程，如山峰制高点，山谷、山洞的平面位置、尺寸及各处高程。比例根据实际情况可以选取 1∶20～1∶50，度量单位是 m。

2. 立面图

主要表示假山的整体形状、气势和质感，表示峰、峦、洞、壑等组合单元变化和相互位置关系及高程，并具体表示山石的形状大小、相互间层次及与植物和其他设施的关系。

3. 剖面图

主要表示假山断面轮廓及大小；内部及基础的结构和构造形式，布置关系、造型尺寸及山峰的控制高程；有关管线的位置及管径大小；植物种植池的尺寸、位置和做法。

4.3.3　假山工程施工图的绘制要求

1. 平面图

（1）画出定位轴线。画出定位轴线和直角坐标网格，为绘制各高程位置的水平面形状及大小提供绘图控制基准。

（2）画出平面形状轮廓线。底面、顶面及其间各高程位置的水平面形状，根据标高投影法绘图，但不注明高程数字。

（3）检查底图，并描深图形。在描深图形时，对山石的轮廓应根据前面讲述的山石表示方法加深，其他图线用细实线表示。

（4）注写有关数字和文字说明。注明直角坐标网格的尺寸数字和有关高程，注写轴线编号、剖切线、图名、比例及其他有关文字说明和朝向。

（5）检查并完成全图。

2. 立面图

（1）画出定位轴线，并画出以长度方向尺寸为横坐标、以高程尺寸为纵坐标的直角坐标网格，作为绘图的控制基准。

（2）画假山的基本轮廓。绘制假山的整体轮廓线，并利用切割或垒叠的方法，逐渐画出各部分基本轮廓。

（3）依廓加皱、描深线条。根据假山的形状特征、前后层次、阴阳背向，依廓加皱，描深线条，体现假山的气势和质感。

（4）注写数字和文字。注写出坐标数字、轴线编号、图名、比例及有关文字说明。

（5）檢查並完成全圖。

3. 剖面圖

（1）畫出圖表控制線。圖中如有定位軸線則先畫出定位軸線，再畫出直角坐標網格。

（2）畫出截面輪廓線。

（3）畫出其他細部結構。

（4）檢查底圖並加深圖線。在加深圖線時，截面輪廓線用粗實線表示，其他用細實線畫出。

（5）標注尺寸，注寫標高及文字說明。注寫出直角坐標值和必要的尺寸及標高，注寫出軸線編號、圖名、比例及有關文字說明。

（6）檢查並完成全圖。

4.3.4　假山工程施工圖的識圖步驟

通常，假山工程施工圖的識圖應按照以下幾個步驟進行：

（1）了解假山、山石的平面位置，周圍地形、地貌及占地面積和尺寸；

（2）了解假山的層次，山峰製高點，山谷、山洞的平面位置、尺寸和控制高程；

（3）了解山石配置形式、假山的基礎結構及做法；

（4）了解管線及其他設備的位置、尺寸；

（5）了解假山與附近地形、地貌及其他設備的位置和尺寸關係。

現以圖 4-45 為例，說明假山工程施工圖的讀圖方法和步驟。

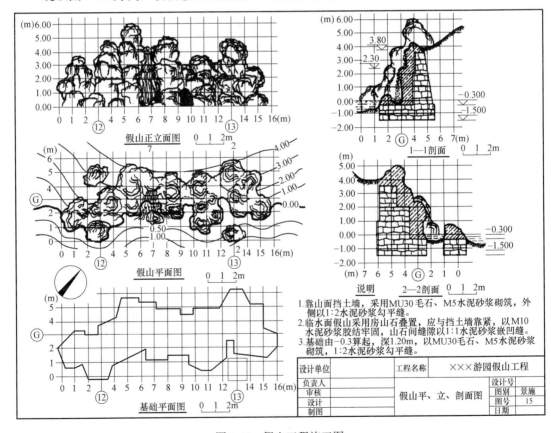

图 4-45　假山工程施工圖

（1）该图为驳岸式假山工程。

（2）图中所示，该山体处于横向轴线⑫，⑬与纵向轴线⑥的相交处，长约16m，宽约6m，呈狭长形，中部设有瀑布和洞穴，前后散置山石。

（3）由图可知，假山主峰位于中部偏左，高为6m，位于主峰右侧的4m高处设有二选瀑布，瀑布右侧置有洞穴及谷壑。

（4）由图可知，1—1剖面是过瀑布剖切的，假山山体由毛石挡土墙和房山石叠置而成，挡土墙背靠土山，山石假山面临水体，两级瀑布跌水标高分别为3.80m和2.30m。2-2剖面取自较宽的⑬轴附近，谷壑前散置山石，增加了前后层次。

（5）由于本例基础结构简单，基础剖面图绘在假山剖面图中，毛石基础底部标高为−1.50m，顶部标高为−0.30m。

4.4　水景工程施工图

水景工程施工图是表达水景工程构建物（例如码头、护坡、驳岸、喷泉、水池和溪流等）的图样。在水景工程施工图中，除表达工程设施的土建部分外，一般还包括机电、管道和水文地质等专业内容。

4.4.1　水景的类型与作用

1. 水景的类型

（1）按水体的来源和存在状态划分

1）天然型。天然型水景就是景观区域毗邻天然存在的水体（如江、河、湖等）而建，经过一定的设计，把自然水景"引借"到景观区域中的水景。

2）引入型。引入型水景就是天然水体穿过景观区域，或经水利和规划部门的批准把天然水体引入景观区域，并结合人工造的水景。

3）人工型。人工型水景就是在景观区域内外均没有天然的水体，而是采用人工开挖蓄水，其所用水体完全来自人工，纯粹为人造景观的水景。

（2）按水体的形态划分

自然界中有江河、湖泊、瀑布、溪流和涌泉等自然景观，自古以来，便以它们的妩媚深深使人陶醉，因此它们一直是诗人、画家作品中常见的题材。园林水景设计既要师法自然，又要不断创新，因此水景设计中的水按其形态可分为平静的、流动的、跌落的和喷涌的四种基本形式，如见图4-46所示。

水的这四种基本形式还反映了水从源头（喷涌的）到过渡的形式（流动的或跌落的）、到终结（平静的）运动的一般趋势。因此在水景设计中可以以一种形式为主，其他形式为辅，也可利用水的运动过程创造水景系列，融不同水的形式于一体，体现水运动序列的完整过程。

2. 水景的作用

（1）景观作用

"水令人远，景得水而活"，水景是园林工程的灵魂。由于水的千变万化，在组景中常用于借声、借形、借色、对比、衬托和协调园林中不同环境，构建出不同的富于个性化的

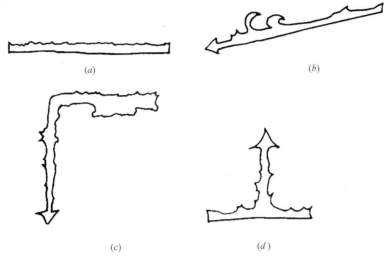

图 4-46　水景的四种基本设计形式

（a）平静的：湖泊、水池、水塘；（b）流动的：溪流、水坡、水道、水涧；
（c）跌落的：瀑布、水帘、壁泉、水梯、水墙；（d）喷涌的：各种类型的喷泉

园林景观。在具体景观营造中，水景具有以下作用：

1）基底作用。大面积的水面视域开阔、坦荡，能托浮岸畔和水中景观。即使水面不大，但水面在整个空间中仍具有面的感觉时，水面仍可作为岸畔和水中景观的基底。从而产生倒影，扩大和丰富空间。

2）系带作用。水面具有将不同的园林空间、景点连接起来产生整体感的作用，还具有作为一种关联因素，使散落的景点统一起来的作用。前者称为线形系带作用，后者称为面形系带作用。

3）焦点作用。喷涌的喷泉、跌落的瀑布等动态形式的水的形态和声响能引起人们的注意，吸引住人们的视线。此类水景通常安排在向心空间的焦点、轴线的交点、空间醒目处或视线容易集中的地方，以突出其焦点作用。

（2）生态作用

地球上以各种形式存在的水构成了水圈，与大气圈、岩石圈及土壤圈共同构成了生物物质环境。作为地球水圈一部分的水景，为各种不同的动植物提供了栖息、生长、繁衍的水生环境，有利于维护生物的多样性，进而维持水体及其周边环境的生态平衡，对城市区域的生态环境的维持和改善起到了重要的作用。

（3）调节气候，改善环境质量

水景中的水，对于改善居住区环境微气候以及城市区域气候都有着重要的作用，这主要表现在它可以增加空气湿度、降低温度、净化空气、增加负氧离子、降低噪声等。

（4）休闲娱乐作用

人类本能地喜爱水，接近、触摸水都会感到舒服、愉快。在水上还能从事多项娱乐活动，如划船、垂钓、游泳等。因此在现代景观中，水是人们消遣娱乐的一种载体，可以带给人们无穷的乐趣。

（5）蓄水、灌溉及防灾作用

水景中大面积的水体，可以在雨季起到蓄积雨水、减轻市政排污压力、减少洪涝灾害发生的作用。而蓄积的水源，又可以用来灌溉周围的树木、花丛、灌木和绿地等。尤其是在干旱季节和震灾发生时，蓄水既可以用作饮用、洗漱等生活用水，还可用于地震引起的火灾扑救等。

4.4.2 水景设计形式

1. 水景的表现形态

（1）幽深的水景 带状水体如河、渠、溪、涧等，当穿行在密林、山谷或建筑群中时，其风景的纵深感很强，水景表现出幽远、深邃的特点，环境显得平和、幽静，暗示着空间的流动和延伸。

（2）动态的水景 园林水体中湍急的流水、奔腾的跌水、狂泄的瀑布和飞涌的喷泉就是动态感很强的水景。动态水景给园林带来了活跃的气氛和勃勃的生气。

（3）小巧的水景 一些水景形式，我国古代园林中常见的流杯池、砚池、剑池、滴泉、壁泉、假山泉等等，水体面积和水量都比较小。但正由于小，才显得精巧别致、生动活泼，能够小中见大，让人感到亲切、多趣。

（4）开朗的水景 水域辽阔坦荡，仿佛无边无际。水景空间开朗、宽敞，极目远望，天连着水、水连着天，天光水色，一派空明。这一类水景主要是指江、海、湖泊。公园建在江边，就可以向宽阔的江面借景，从而获得开朗的水景。将海滨地带开辟为公园、风景区或旅游景区，也可以向大海借景，使无边无际的海面成为园林旁的开朗水景。利用天然湖泊或挖建人工湖泊，更是直接获得开朗水景的一个主要方式。

（5）闭合的水景 水面面积不大，但也算宽阔。水域周围景物较高，向外的透视线空间仰角大于13°，常在18°左右，空间的闭合度较大。由于空间闭合，排除了周围环境对水域的影响，因此，这类水体常有平静、亲切、柔和的水景表现。一般的庭园水景池、观鱼池、休闲泳池等水体，都具有这种闭合的水景效果。

2. 水体的设计形式

（1）规则式水体

这样的水体都是由规则的直线岸边和有轨迹可循的曲线岸边围成的几何图形水体。根据水体平面设计上的特点，规则式水体可分为方形系列、斜边形系列、圆形系列和混合形系列四类形状。

1）方形系列水体。这类水体的平面形状，在面积较小时可设计为正方形和长方形；在面积较大时，则可在正方形和长方形基础上加以变化，设计为亚字形、凸角形、曲尺形、凹字形、凸字形和组合形等。应当指出，直线形的带状水渠，也应属于矩形系列的水体形状，如图4-47所示。

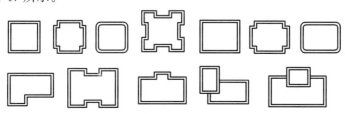

图4-47 方形系列水体

2) 斜边形系列水体。水体平面形状设计为含有各种斜边的规则几何形中顺序列出的三角形、六边形、菱形、五角形以及具有斜边的不对称、不规则的几何形。这类池形可用于不同面积大小的水体，如图 4-48 所示。

图 4-48　斜边形系列水体

3) 圆形系列水体。主要的平面设计形状有圆形、矩圆形、椭圆形、半圆形和月牙形等，这类池形主要适用于面积较小的水池，如图 4-49 所示。

图 4-49　圆形系列水体

4) 方圆形系列水体。是由圆形和方形、矩形相互组合变化出的一系列水体平面形状，如图 4-50 所示。

图 4-50　方圆形系列水体

（2）自然式水体

岸边的线型是自由曲线线型，由线围合成的水面形状是不规则的和有多种变异的形状，这样的水体就是自然式水体。自然式水体主要可分宽阔型和带状型两种。

1) 宽型水体。一般的园林湖、池多是宽型的，即水体的长宽比值在 1∶1～3∶1 之间。水面面积可大可小，但不为狭长形状。

2) 带状水体。水体的长宽比值超过 3∶1 时，水面呈狭长形状，这就是带状水体。园林中的河渠、溪涧等，都属于带状水体。

（3）混合式水体

这是规则式水体形状与自然式水体形状相结合的一类水体形式。在园林水体设计中，在以直线、直角为地块形状特征的建筑边线、围墙边线附近，为了与建筑环境相协调，常常将水体的岸线设计成局部的直线段和直角转折形式，水体在这一部分的形状就成了规则式的。而在距离建筑、围墙边线较远的地方，自由弯曲的岸线不再与环境相冲突，就可以完全按自然式来设计。

4.4.3　水景工程施工图的表达方法

1. 视图的配置

水景工程图的基本图样仍然包括平面图、立面图和剖面图。水景工程构筑物，例如基础、驳岸、水闸、水池等许多部分被土层覆盖，所以剖面图和断面图应用较多。图 4-51 所示的水闸结构图采用平面图、侧立面图和 A～A 剖面图来表达。由于平面图形对称，所以只画了一半。侧立面图为上游立面图和下游立面图合并而成。人站在上游面向建筑物所得的视图叫做上游立面图，人站在下游面向建筑物所得的视图叫做下游立面图。为看图方便，每个视图都应在图形下方标出名称。各视图应尽量按投影关系配置。

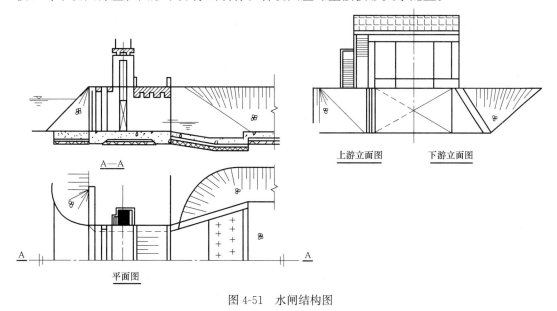

图 4-51　水闸结构图

2. 其他表示方法

（1）局部放大图

物体的局部结构用较大比例画出的图样称为局部放大图或详图。放大的详图必须标注索引标志和详图标志。图 4-52 是护坡剖面及结构的局部放大图，原图上可用细实线圈表示需要放大的部位，也可采用注写名称的方法。

（2）展开剖面图

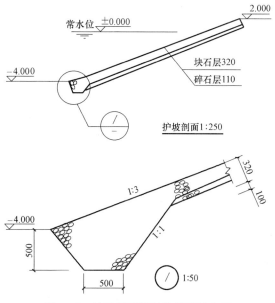

图 4-52　护坡剖面及结构局部放大图

当构筑物的轴线是曲线或折线时，可沿轴线剖开物体并向剖切面投影，然后将所得剖面图展开在一个平面上，这种剖面图称为展开剖面图，在图名后应标注"展开"两字。在图 4-53 中，选沿干渠中心线的圆柱面为剖切面，剖切面后的部分按法线方向向剖切面投影后再展开。

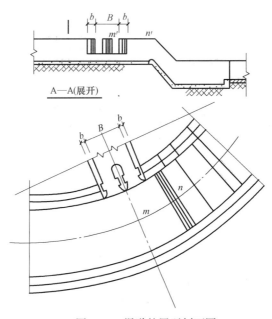

图 4-53 渠道的展开剖面图

（3）分层表示法

若构筑物有几层结构，在同一视图内可按其结构层次分层绘制。相邻层次用波浪线分界，并用文字在图形下方标注各层名称。如图 4-54 所示为码头的平面图分层表示法。

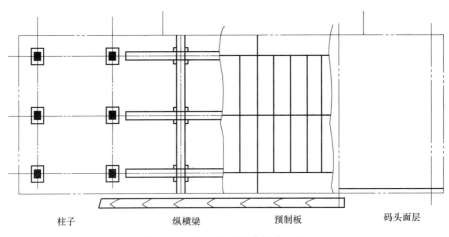

柱子　　　　　纵横梁　　　　预制板　　　　码头面层

图 4-54 码头平面图分层表示法

（4）掀土表示法

被土层覆盖的结构，在平面图中不可见。为表示这部分结构，可假想将土层掀开后再画出视图。如图 4-55 是墩台的掀土表示。

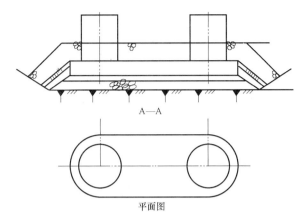

图 4-55　墩台的掀土表示

4.4.4　水景工程施工图的内容

水景工程施工图主要包括总体布置图和构筑物结构图。

1. 总体布置图

总体布置图主要表示整体水景工程各构筑物在平面和里面的布置情况。总体布置图以平面布置图为主，必要时配置立面图。平面布置图一般画在地形图上。为了使图形主次分明，结构上的次要轮廓线和细节部分构造均省略不画，用图例或示意图表示这些构造的位置和作用。图中一般只注写构筑物的外轮廓尺寸和主要定位尺寸、主要部位的高程和填挖方坡度。总体布置图的绘制比例一般为 1∶200～1∶500。总体布置图的内容如下：

（1）工程设施所在地区的地形现状、河流及流向、水面、地理方位（指北针）等；

（2）各工程构筑物的相互位置、主要外形尺寸以及主要高程；

（3）工程构筑物与地面的交线，填、挖方的边坡线。

2. 构筑物结构图

结构图是以水景工程中某一构筑物为对象的工程图，包括结构布置图、分部和细部构造图以及钢筋混凝土结构图。构筑物结构图必须把构筑物的结构形状、尺寸大小、材料、内部配筋以及相邻结构的连接方式等表达清楚。结构图包括平、立、剖面图，详图和配筋图，绘图比例一般为 1∶5～1∶100。构筑物结构图的内容如下：

（1）表明工程构筑物的结构布置、形状、尺寸及材料；

（2）表明构筑物各分部和细部构造、尺寸及材料；

（3）表明钢筋混凝土结构的配筋情况；

（4）工程地质情况及构筑物与地基的连接方式；

（5）相邻构筑物之间的连接方式；

（6）附属设备的安装位置；

（7）构筑物的工作条件，例如常水位和最高水位等。

4.4.5　水体施工图

园林水体施工图包括平面图、立面图、剖面图、断面图、管线布置图和详图等图样。

1. 平面图

平面图主要表示水池的平面形状、布局及其周围环境、构筑物，以及地上、地下管线中心的距离；表示进水口、泄水口、溢水口的平面形状、位置和管道走向。如果是喷水池或种植池，还须表示出喷头和种植植物的平面位置。

水体图中，一般标注一些必要的尺寸和标高。其具体内容如下：

（1）规则几何图形的轮廓尺寸，对自然式水池轮廓可用直角坐标网格控制。

（2）水池与周围环境、构筑物及地上、地下管线距离的尺寸。

（3）进水口、泄水口、溢水口等形状和位置的尺寸及标高，对自然水体常水位、最高水位、最低水位标高。

（4）周围地形的标高和池岸岸顶、池岸岸底等处的标高。

（5）池底转折点、池底中心等池底标高及排水方向。

（6）对设有水泵的，则应标注泵房、泵坑的位置和尺寸，并注写出必要的标高。

2. 立面图

立面图表示水池立面设计内容，着重反映水池立面的高度变化、水池池壁顶与附近地面高差变化、池壁顶形状及喷水池的喷水立面。

3. 剖面图

主要表示水池池壁坡高、池底铺砌以及从地基三池壁顶的断面形状、结构、材料和施工方法及要求；表示表层（防护层）和防水层的施工方法；表示池岸与山石、绿地、树木结合做法；表示池底种植水生植物做法等内容。剖面图的数量及剖切位置应根据内容的需要确定。剖面图上主要标注断面的分层结构尺寸及池岸、池底、进水口、泄水口、溢水口的标高。与江河连接的湖、溪等园林内部的水体，在剖面图上需表示出常水位、最高水位和最低水位高程。

4.4.6　喷泉施工图

1. 管道平面图

管道平面图主要是用以显示区域内管道的布置。一般游园的管道综合平面图常用比例为1∶200～1∶2000。喷水池管道平面图主要能显示清楚该小区范围内的管道，通常选用1∶50～1∶300的比例。管道均用单线绘制，称为单线管道图。但用不同的宽度和不同的线型加以区别。新建的各种给排水管用粗线，原有的给排水管用中粗线。给水管用实线，排水管用虚线等。如图4-56所示，是某喷水池的管道平面图。

管道平面图中的房屋、道路、广场、围墙、草地花坛等原有建筑物和构筑物按总平面图的图例用细实线绘制，水池等新建建筑物和构筑物用中粗线绘制。

铸铁管以公称直径"DN"表示，公称直径指管道内径，例如$DN25$、$DN50$。混凝土管以内径"d"表示，例如$d200$。管道应标注起讫点、转角点、连接点、变坡点的标高。给水管宜注管中心线标高，排水管宜注管内底标高。一般标注绝对标高，如无绝对标高资料，也可注相对标高。给水管是压力管，通常水平敷设，可在说明中注明中心线标高。排水管为简便计，可在检查井处引出标注，水平线上面注写管道种类及编号，如W-5，水平线下面注写井底标高。也可在说明中注写管口内底标高和坡度。管道平面图中还应标注闸门井的外形尺寸和定位尺寸，指北针或风向玫瑰图。为便于对照阅读，应附给水

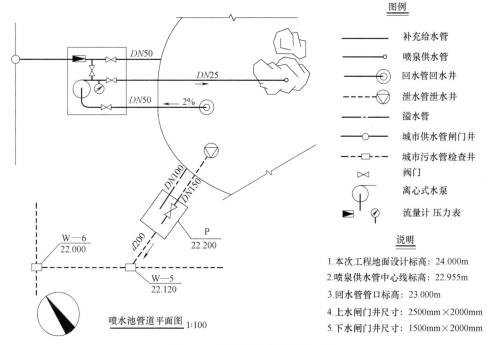

图 4-56　某喷水池的管道平面图

排水专业图例和施工说明。施工说明一般包括：设计标高、管径及标高、管道材料和连接方式、检查井和闸门井尺寸、质量要求和验收标准等。

2. 喷水池结构施工图

喷水池池体等土建构筑物的布置、结构，形状大小和细部构造用喷水池结构图来表示。喷水池结构图通常包括：表达喷水池各组成部分的位置、形状和周围环境的平面布置图，表达喷泉造型的外观立面图，表达结构布置的剖面图和池壁、池底结构详图或配筋图。

现以图 4-57 为例，说明喷水池底构造图的读图方法和步骤。

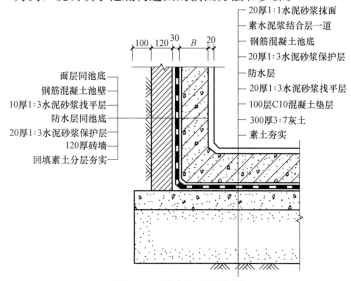

图 4-57　喷水池底构造图

（1）将喷水池底素土夯实后铺厚度为 300mm 的 3∶7 灰土，然后浇筑厚度为 100mm 的 C10 混凝土垫层。

（2）将混凝土垫层用厚度为 20mm 的 1∶3 水泥砂浆找平后，铺设防水层。

（3）在已铺设的防水层上用厚度为 20mm 的 1∶3 水泥砂浆做保护层。

（4）浇筑钢筋混凝土喷水池底。

（5）素水泥浆结合层一道，并用厚度为 20mm 的 1∶1 水泥砂浆抹面。

4.4.7　驳岸施工图

驳岸工程施工图包括驳岸平面图及断面详图。驳岸平面图表示驳岸线（即水体边界线）的位置及形状。对构造不同的驳岸应进行分段（分段线为细实线，应当与驳岸垂直），并逐段标注详图索引符号。

因为驳岸线平面形状多为自然曲线，无法标注各部尺寸，为了方便施工，通常采用方格网控制。方格网的轴线编号应当与总平面图相符。

详图表示某一区段驳岸的构造、尺寸、材料、做法要求以及主要部位标高（岸顶、常水位、最高水位、最低水位、基础底面）。

由图 4-58 可见，此水池驳岸自然曲折（方格网：5m×5m），驳岸工程共划分 4 个区段，分为 4 种构造类型。

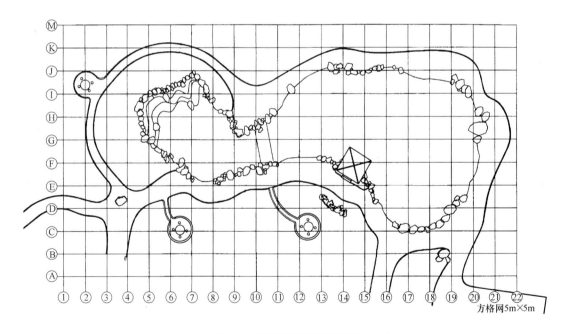

图 4-58　水池驳岸平面图示例

通过详图索引符号，进一步见断面详图，如图 4-59～图 4-62 所示。其中，①号和②号详图为卵石驳岸，③号和④号详图为自然石驳岸。详图分别表达了组成此水池驳岸的构造、尺寸、材料、做法要求以及主要部位标高等。

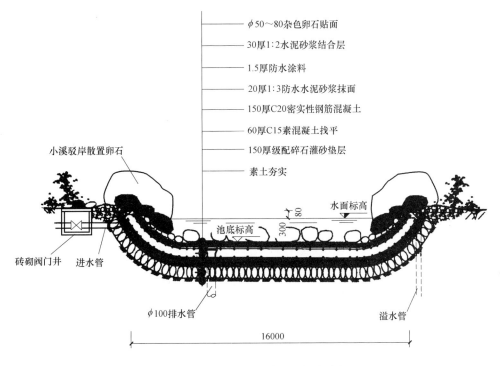

图 4-59 ①卵石驳岸断面详图示例

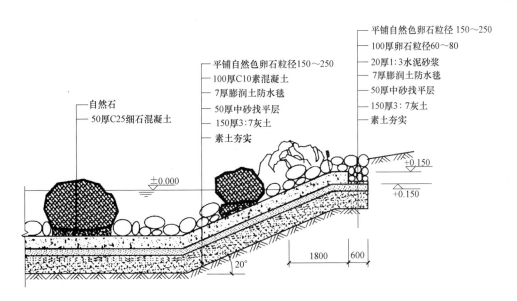

图 4-60 ②卵石驳岸断面详图示例

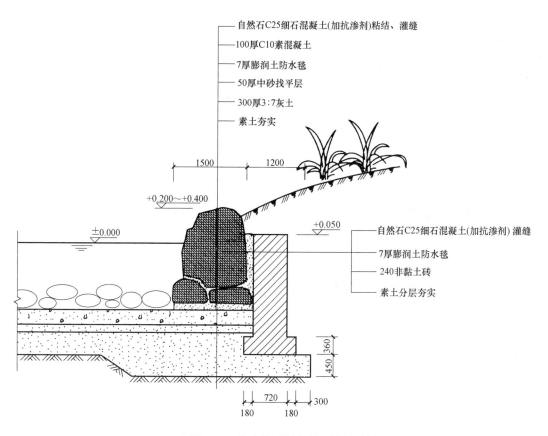

图 4-61　③自然石驳岸断面详图示例

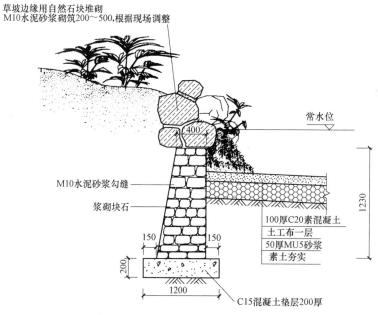

图 4-62　④自然石驳岸断面详图示例

4.5 园林小品施工图

4.5.1 园林小品的作用与分类

1. 园林小品的作用

园林小品是指在园林中供游人休息、观赏、方便游览活动。供游人使用，或为了园林管理而设置的小型园林设施。随着园林现代化设施水平的不断提高，园林小品的内容也越来越复杂多样。其在园林中的地位也日益重要。

园林小品的作用主要表现在满足人们休息、娱乐、游览、文化和宣传等活动要求方面。它既有使用功能，又可以观赏、美化环境。

（1）美化功能　建筑小品与山水、花木种植相结合而构成园林内的许多风景画面。有宜于就近观赏的，有适合于远眺的。一般情况下，建筑物往往是这些画面的重点或主体。

（2）使用功能　以园林小品作为观赏园内景物的场所，园林建筑的位置、朝向、封闭与开放占主要因素。

（3）组织空间　就是以建筑围合的一个空间。如果利用廊围合成一系列的庭院，辅以山石花木，将园林化分为若干空间层次。

（4）游览路线　以道路结合建筑的穿插，达到移步换景的设计理念。以道路结合建筑物的穿插、"对景"和障隔，创造一种步移景异、具有导向性的游动观赏效果。

2. 园林小品的分类

园林小品按其功能分为以下五类：

（1）供休息的小品　包括各种造型的靠背园椅、凳、桌和遮阳的伞、罩等。常结合环境，用自然块石或用混凝土作成仿石、仿树墩的凳、桌；或利用花坛、花台边缘的矮墙和地下通气孔道来作椅、凳等；围绕大树基部设椅凳，既可休息又能纳荫。

（2）装饰性小品　各种固定的和可移动的花钵、饰瓶，可以经常更换花卉。装饰性的日晷、水缸、香炉，各种景墙（如九龙壁）、景窗等，在园林中起点缀作用。

（3）结合照明的小品　园灯的基座、灯柱、灯头、灯具都有很强的装饰作用。

（4）展示性小品　各种布告板、指路标牌、导游图板以及动物园、植物园和文物古建筑的说明牌、阅报栏、图片画廊等，都对游人有宣传、教育的作用。

（5）服务性小品　如为游人服务的饮水泉、洗手池、时钟塔、公用电话亭等；为保护园林设施的栏杆、格子垣、花坛绿地的边缘装饰等；为保持环境卫生的废物箱等。

3. 园林小品的创作要求

（1）立其意趣，根据自然景观和人文风情，做出景点中小品的设计构思。

（2）合其体宜，选择合理的位置和布局，做到巧而得体、精而合宜。

（3）取其特色，充分反映建筑小品的特色，将其巧妙地熔铸在园林造型之中。

（4）顺其自然，不破坏原有风貌，做到涉门成趣、得景随形。

（5）求其因借，通过对自然景物形象的取舍，使造型简练的小品获得景象丰满、充实的效应。

（6）饰其空间，充分利用建筑小品的灵活性、多样性，以丰富园林空间。

（7）巧其点缀，把需要突出表现的景物强化起来，将影响景物的角落巧妙地转化成为游赏的对象。

（8）寻其对比，把两种明显差异的素材巧妙地结合起来，相互烘托，显出双方的特点。

4.5.2　园林小品的表现

1. 亭

亭一般由亭顶、亭柱（亭身）和台基（亭基）三部分组成。景亭的体量宁小勿大，形制也应较细巧，以竹、木、石、砖瓦等地方性传统材料均可修建。如今更多的是用钢筋混凝土或兼以轻钢、玻璃钢、铝合金、镜面玻璃、充气塑料等新材料组建而成。

亭的造型极为多样，从平面形状可分为圆形、方形、三角形、六角形、八角形、扇面形、长方形等。亭的平面画法十分简单，但是其立面和透视画法则非常复杂，见表 4-1。

亭的各种形式及类型　　　　　　　　　　　　　表 4-1

名称	平面基本形式示意	立面基本形式示意	平面立面组合形式示意
三角亭			
方亭			
长方亭			
六角亭			
八角亭			
圆亭			
扇形亭			
双层亭			

亭的形状不同，其用法和造景功能也不尽相同。三角亭以简洁、秀丽的造型深受设计师的喜爱。在平面规整的图面上，三角亭可以分解视线、活跃画面，而各种方亭、长方亭则在与其他建筑小品的结合上有不可替代的作用。

2. 廊

廊又称游廊，是起交通联系、连接景点的一种狭长的棚式建筑，它可长可短，可直可曲，随形而弯。园林中的廊是亭的延伸，是联系风景点建筑的纽带，随山就势，透迤蜿蜒，曲折迂回。廊既能引导视角多变的导游交通路线，又可划分景区空间，丰富空间层次，增加景深，是中国园林建筑群体中的重要组成部分。

常见各种类型的廊的画法见表 4-2。

常见各种类型的廊的画法   表 4-2

	双面空廊	暖廊	复廊	单支柱廊
按廊的横剖面形式划分				
	单面空廊		双层廊	
	直廊	曲廊	抄手廊	回廊
按廊的整体造型划分				
	爬山廊	叠落廊	桥廊	水走廊

3. 花架

花架不仅是供攀缘植物攀爬的棚架，还是人们休息、乘凉、坐赏周围风景的场所。它造型灵活、富于变化，具有亭廊的作用。作长线布置时，它能发挥建筑空间的脉络作用，形成导游路线，也可用来划分空间，增加风景的深度；做点状布置时，它可自成景点，形成观赏点。

花架的形式多种多样，几种常见的花架形式以及其平面、立面及效果图的表现如下所述：

（1）单片花架的立面、透视效果表现（图 4-63）。

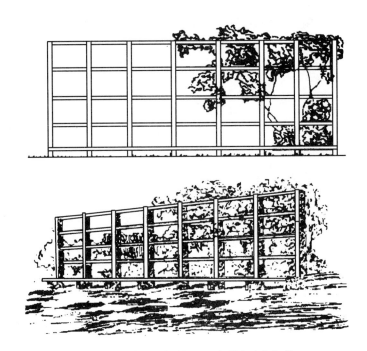

图 4-63　单片花架的立面及透视画法表现

（2）直廊式花架的立面、剖面、透视效果表现（图 4-64）。

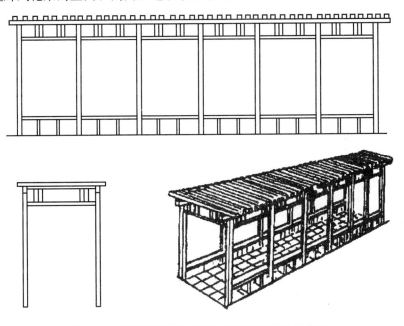

图 4-64　直廊式花架的立面、剖面及透视效果表现

（3）单柱 V 形花架的效果表现（图 4-65）。

（4）弧顶直廊式花架的立面与效果（图 4-66）。

（5）环形廊式花架的平面与效果（图 4-67）。

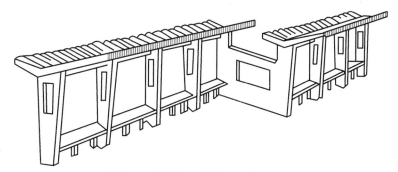

图 4-65 单柱 V 形花架的效果表现

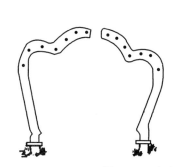 

图 4-66 弧顶直廊式花架的立面与效果

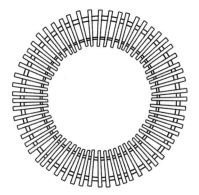 

图 4-67 环形廊式花架的平面与效果

4. 园椅、园凳、园桌

（1）园椅 园椅的形式可分为直线和曲线两种。

园椅因其体量较小，结构简单。一致规律的园椅透视图表现和环境相得益彰，如图 4-68、图 4-69 所示。

 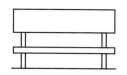

图 4-68 园椅的平面、立面、透视画法表现

图 4-69　园椅的各种造型表现

（2）园凳　园凳的平面形状通常有圆形、方形、条形和多边形等，圆形、方形常与园桌相匹配，而后两种同园椅一样单独设置。

（3）园桌　园桌的平面形状一般有方形和圆形两种，在其周围并配有四个平面形状相似的园凳。图 4-70 所示为方形园桌、园凳的立面表现，图 4-71 所示为圆形园桌、园凳的平面、立面及透视表现。

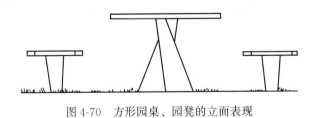

图 4-70　方形园桌、园凳的立面表现

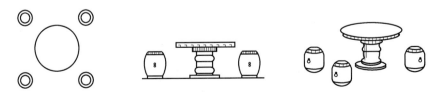

图 4-71　圆形园桌、园凳的平面、立面及透视表现

4.5.3　亭的施工图识图

1. 竹亭

图 4-72 为竹亭施工图。由图可以看出竹亭的构造及尺寸，亭高是 3.6m，方亭边长是 2.7m。竹亭多采用枋木结构，构造更纤巧。选用毛竹作为受力构件，直径是 $\phi60\sim\phi100$。在搭接头处，内填直径相当的圆木，防止受力时所产生应力集中而破裂。在构造或非受力构件中，竹径多取 $\phi20\sim\phi50$。

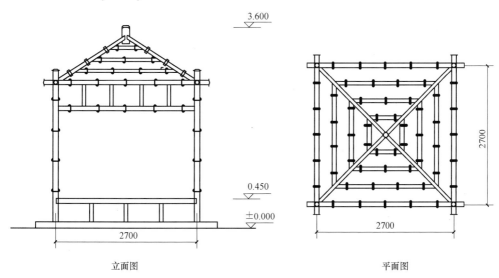

立面图　　　　　　　　　平面图

图 4-72　竹亭施工图

2. 石亭

图 4-73 为石亭施工图，由图可看出，石亭柱截面为矩形。石亭下设地伏，上与檐枋相接。在栌斗上置明伏，伏上正中安置圆栌斗，斗上覆盘石，分置大角梁、斜伏，再铺上石板屋面。

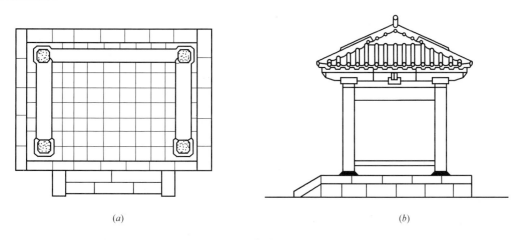

(a)　　　　　　　　　　(b)

图 4-73　石亭施工图（一）

（a）平面图；（b）侧立图

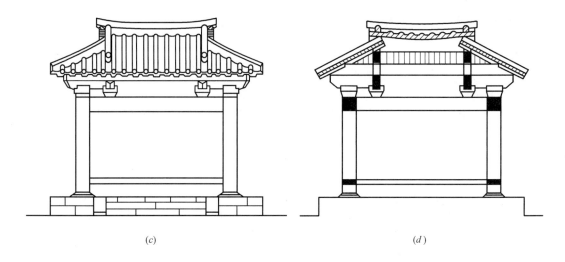

(c) (d)

图 4-73 石亭施工图（二）
（c）正立面；（d）剖面图

3. 板亭

图 4-74 为板亭。由图可以看出，板亭为独立支撑悬臂板的结构形式。板下结构为 2.7m，柱下设置为 0.4m 高的固定坐椅。柱身直径为 0.3m，亭顶的直径为 4.5m。

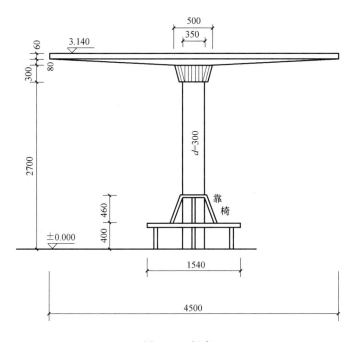

图 4-74 板亭

4. 构架亭

图 4-75 为钢管构架亭。由图可以看出，受力部位以 $\phi40$ 钢管支撑，其他杆件用 $\phi30$ 钢管，亭高为 2100mm，亭宽为 2400mm，亭中的凳子距亭中心为 600mm。

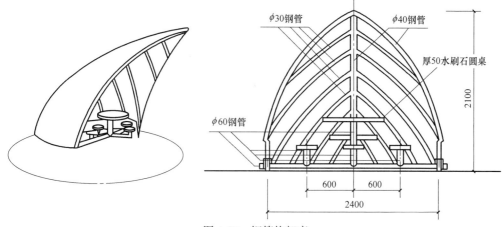

图 4-75 钢管构架亭

4.6 园林给水排水工程施工图

4.6.1 园林给水工程

1. 给水管网布置的基本形式

（1）树状管网

管网由干管和支管组成，布置犹如树枝，从树干到树梢越来越细，如图 4-76 所示。其优点是管线短，投资省。但供水可靠性差，一旦管网局部发生事故或需检修，则后面的所有管道就会中断供水。另外，当管网末端用水量减小，管中水流缓慢甚至停流而造成"死水"时，水质容易变坏。适用于用水量不大、用水点较分散的情况。

（2）环状管网

干管和支管均呈环状布置的管网，如图 4-77 所示。其突出优点是供水安全、可靠，管网中无死角，可以经常沿管网流动，水质不易变坏。但是，管线总长度大于树状管网，造价高。主要用于对供水连续性要求较高的区域。

在实际工程中，给水管网往往同时存在以上两种布置形式，称为混合管网。在初期工程中，对连续性供水要求较高的局部地区、地段可布置成环状管网，其余采用树状管网；

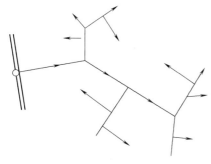

图 4-76 树状管网布置示意图

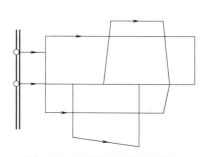

图 4-77 环状管网布置示意图

然后，再根据改扩建的需要增加环状管网在整个管网中所占的比例。

2. 管基处理

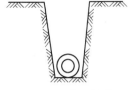

图 4-78　天然土壤管基

（1）天然土壤管基　如图 4-78 所示。在干燥、结实土壤中（即除沼泽地、岩石地和流沙以外），沟底不需处理，管可直接铺设在天然基础上，但管底必须紧密地安放在土壤中。

（2）木桩架管基　其构造如图 4-79 所示。在松软的土壤中或填方的地基上，管底一般采用木桩架的方法处理。木桩支架的架腿间距一般为 1～2m，木桩一般采用 $\phi10\sim\phi15$ 的圆木。

（3）混凝土管基　如图 4-80 所示。在管底设置混凝土管基，管基的宽度要宽于混凝土管两边各 100mm，管基高度一般为 150～200mm。

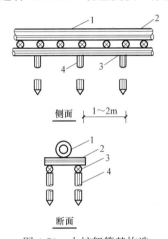

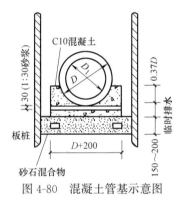

图 4-79　木桩架管基构造

1—钢管；2—$\phi10$ 圆木；3、4—$\phi10\sim\phi15$ 圆木

图 4-80　混凝土管基示意图

（4）桩排架混凝土管基　如图 4-81 所示。在沼泽土壤及流砂中，所有管道应铺设在可以承受管重及土压而无变形的基础上，一般采用桩排架并筑混凝土基座。由图可以看出，桩排架混凝土管基是排桩架与混凝土管基的组合。

（5）砂石垫层管基　如图 4-82 所示。岩石地段及需用爆破开挖的坚硬的其他土壤，管底应换填不小于 10cm 厚的砂层或砾石层。在饱和水分的土层不很厚的情况下，管底下可以换填一层碎石、砾石或炉渣。

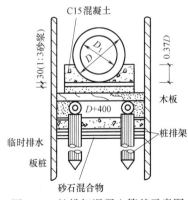

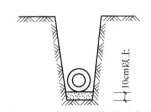

图 4-81　桩排架混凝土管示意图

图 4-82　砂石垫层管基示意图

3. 管道接口

（1）预应力钢筋混凝土承插式　预应力钢筋混凝土承插式柔性接口的形式有多种胶圈种类，如圆形胶圈、唇形胶圈和楔形胶圈几种形式。其基本构造有环向钢筋、保护层、纵向钢筋、胶圈和管芯。如图4-83所示。

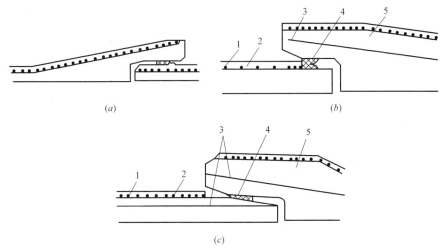

图 4-83　预应力钢筋混凝土承插式柔性接口示意图
(a) 圆形胶圈；(b) 唇形胶圈；(c) 楔形胶圈
1—环向钢筋；2—保护层；3—纵向钢筋；4—胶圈；5—管芯

接口时，应逐个检查接口缝隙变化及是否有椭圆现象，一般超过±12mm即可造成橡胶圈的压缩率不一致。为此，应根据每个承插口间隙的最大值和最小值，来选定胶圈直径。

预应力钢筋混凝土管安装时，先把配好的胶圈套在插口上，以安装好的一端为固定端，利用千斤顶、吊链等机具将插口顶入承口内。

自应力钢筋混凝土管的柔性接口同上。

（2）刚性石棉水泥套环接口　如图4-84所示。刚性接口是指用套环连接两管间隙为12～

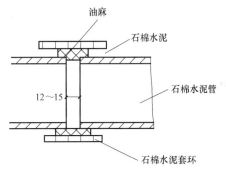

图 4-84　刚性石棉水泥套环接口示意图

15mm，其缝隙内填塞石棉水泥。石棉水泥管可采用石棉水泥套环。

4. 管道掘进

（1）掘进顶管　掘进顶管的管材有钢管、钢筋混凝土管、铸铁管等。为了便于管内操作和安放施工设备，管子直径一般不应小于900mm。掘进顶管过程如图4-85所示。首先开挖工作坑，然后按照设计管线的位置和坡度，在工作坑底修筑基础，基础上设置导轨，将管安放在导轨上顶进。顶进前，在管道开挖坑道，然后用千斤顶将管子顶入。一节管顶完，再连接一节管子继续顶进。千斤顶支承于后背，后背支承于土后座墙或人工后座墙。

（2）挤压土屋顶管　挤密土屋顶管是利用千斤顶、卷扬机等设备将管子直接顶进土层内，管周围土被挤密。施工顶力取决于原土的孔隙率、含水量和管道的直径。在低压缩性土层中，如果管道埋设较浅，地面将可能隆起。在一般土层中，采用这种方法的最大管径

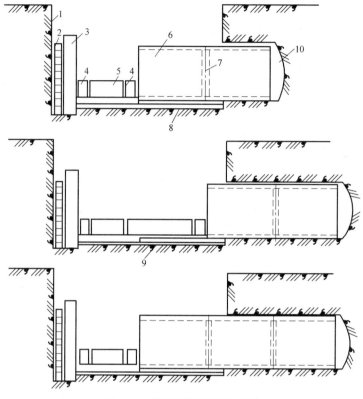

图 4-85　掘进顶管过程示意图

1—后座墙；2—后背；3—立铁；4—横铁；5—千斤顶；

6—管子；7—内胀圈；8—基础；9—导轨；10—掘进工作面

和最小埋深见表 4-3。这种方法适用于钢管、水煤气管（流体管）及铸铁管。

挤密土屋顶管的管径与埋深　　　　　　　　　　　　　　　　表 4-3

管径(mm)	埋深(m)
13~50	≥1
75~200	≥2
250~400	≥3

挤压土屋顶管的工作坑布置如图 4-86 所示。工作尾坑长度由单节管长决定，液压千斤顶安装在机架上，由后背支承。管子由夹持器固定在千斤顶活塞上。顶进时，管子最前

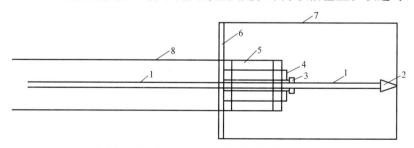

图 4-86　挤压土屋顶管的工作坑布置图

1—管子；2—管尖；3—夹持器；4—千斤顶；5—千斤顶架；6—钢板后背；7—工作坑；8—工作尾坑

端安装管尖，管尖的长细比一般为1：0.3。
采用偏心管尖可以减少土与管壁的摩擦力。
也可在管前端安装开口管帽，管子开始顶进
时，土进入管帽，形成土塞。当土塞长度为
管径的5～7倍时，就可阻止土继续进入。
采用土塞，比较容易保持顶进方向的正确。

图 4-87　谷方

4.6.2　园林排水工程

1. 防止径流冲刷地表的方式

（1）谷方

地表径流在谷线或山洼处汇集，形成大
流速径流，为了防止其对地表的冲刷，在汇
水线上布置一些山石，借以减缓水流的冲
力，达到降低其流速、保护地表的作用。这
些山石就叫"谷方"，如图 4-87 所示。

作为"谷方"的山石须具有一定体量，且应深埋浅露，才能抵挡径流冲击。"谷方"
如果布置自然得当，可成为优美的山谷景观；雨天，流水穿行于"谷方"之间，辗转跌宕
又能形成生动、有趣的水景。

（2）护土筋

沿山路两侧坡度较大或边沟沟底地段用砖仄铺，称为护土筋。如图 4-88 所示。

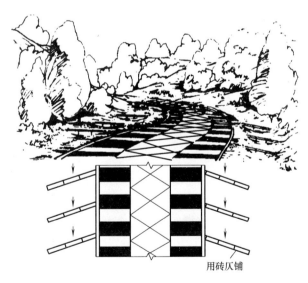

用砖仄铺

图 4-88　护土筋

一般沿山路两侧坡度较大或边沟沟底纵坡较陡的地段敷设。用砖或其他块材成行埋置土
中，使其露出地面3～5cm，每隔一定距离（10～20m）设置三至四道（与道路中线成一定
角度，如鱼骨状排列于道路两侧）。护土筋设置的疏密主要取决于坡度的陡缓，坡陡多设，
反之则少设。在山路上为防止径流冲刷，除采用上述措施外，还可在排水沟沟底用较粗糙的

图 4-89 挡水石

材料（如卵石、砾石等）衬砌。

（3）挡水石

利用山道边沟排水，在坡度变化较大处，由于水的流速大，表土土层往往被严重冲刷甚至损坏路基。为了减少冲刷，在台阶两侧或陡坡处置石挡水，这种置石就叫作挡水石。挡水石可以本身的形体美或与植物配合形成很好的景物点。其平面布置形式如图 4-89 所示。由图可以看出，在台阶两侧可处置石挡水，使水流减缓。

（4）雨水口布置

利用路面或路两侧明沟将雨水引至濒水地段或排放点，设雨水口埋管将水排出。用雨水口将雨水排入园中水体的示意图如图 4-90 所示。

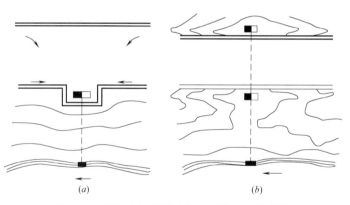

(a)　　　　　　　　　　(b)

图 4-90 用雨水口将雨水排入园中水体示意图

（5）排水口处理

园林中利用地面或明渠排水，在排入园内水体时，为了保护岸坡结合造景，出水口应做适当处理。如排水槽上下口高差大的，可在下口前端设栅栏起消力和拦污作用；或在槽底设置"消力阶"、消力块；也可以将槽底做成礓磜状。

排水口的几种方式，如栏栅式、消力式、礓磜式、消力块等。如图 4-91 所示。

2. 排水管网布置形式

（1）正交式排水管布置 当排水管网的干管总走向与地形等高线或水体方向大致成正交时，管网的布置形式就是正交式，如图 4-92 所示。这种布置方式适用于排水管网总走向的坡度接近于地面坡度时和地面向水体方向较均匀地倾斜时。采用这种布置，各排水区的干管以最短的距离通到排水口，管线长度短，管径较小，埋深小，造价较低。在条件允许的情况下，应尽量采用这种布置方式。

（2）截流式排水管布置 在正交式布置的管网较低处，沿着水体方向再增设一条截流

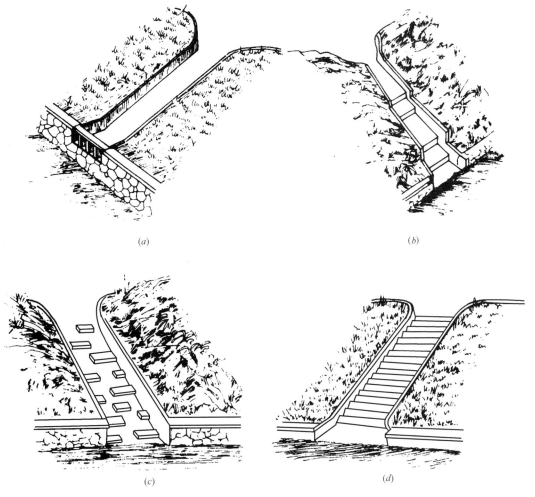

图 4-91　各种排水口处理

(*a*) 栏栅式；(*b*) 消力式；(*c*) 消力块；(*d*) 礓磜式

干管，将污水截流并集中引到污水处理站，如图 4-93 所示。这种布置形式可减少污水对于园林水体的污染，也便于对污水进行集中处理。

（3）平行式排水管布置　将排水管主干管布置成与水体平行或夹角很小的状态。在地势向河流湖泊方向有较大倾斜的园林中，为了避免因管道坡度和水的流速过大而造成管道被严重冲刷的现象，则可设置成该种形式。如图 4-94 所示。

（4）分区式排水管布置　当规划设计的园林地形高低差别很大时，可分别在高地形区和低地形区各设置独立的、布置形式各异的排水管网系统，这种形式就是分区式布置，如图 4-95 所示。低区管网可按重力自流方式直接排入水体的，则高区干管可直接与低区管网连接。如低区管网的水不能依靠重力自流排除，那么就将低区的排水集中到一处，用水泵提升到高区的管网中，由高区管网依靠重力自流方式把水排除。

（5）辐射式排水管布置　在用地分散、排水范围较大、基本地形是向周围倾斜的和周围地区都有可供排水的水体时，为了避免管道埋设太深，降低造价，可将排水干管布置成分散的、多系统的、多出口的形式。这种形式又叫分散式布置。如图 4-96 所示。

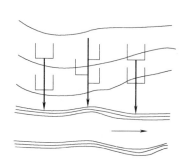

图 4-92　正交式排水管布置示意图

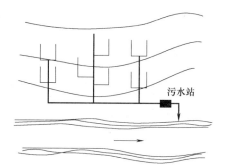

图 4-93　截流式排水管布置示意图

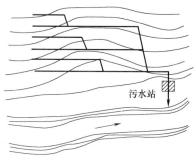

图 4-94　平行式排水管布置示意图

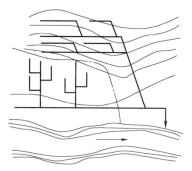

图 4-95　分区式排水管布置示意图

（6）环绕式排水管布置　这种方式是将辐射布置的多个分散出水口用一条排水主干管串联起来，使主干管环绕在周围地带，并在主干管的最低点集中布置一套污水处理系统，以便污水的集中处理和再利用。如图 4-97 所示。

图 4-96　辐射式排水管布置示意图

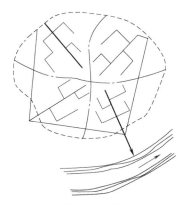

图 4-97　环绕式排水管布置示意图

4.6.3　给水排水工程附属构筑物

1. 园林给水系统

（1）水塔

水塔主要由基础、塔身、水柜和管道系统组成，如图 4-98 所示。

基础一般由混凝土浇筑而成，塔身则可采用砖砌或钢筋建造，水柜则用混凝土构成。

水塔的管道系统有进水管、出水管、溢流管、放空管和水位控制系统。一般情况下，进、出水管可分别设立，也可合用。竖管上需设置伸缩接头。为防止进水时水塔晃动，进水管宜设在水柜中心或适合升高。溢水管与放空管可以合用并连接。其管径可采用与进、出水管相同，或是缩小一个规格。溢水管上不得安装阀门。为反映水柜内水位变化，可设浮标水位尺或液位控制装置。塔顶应装避雷设施。

室外计算温度为−23～−8℃地区，以及冬季采暖室外计算温度为−30～−24℃地区，除保温外还需采暖。

（2）消火栓

消火栓主要由消火栓、短管、弯头支座和圆形阀门组成，如图 4-99 所示。

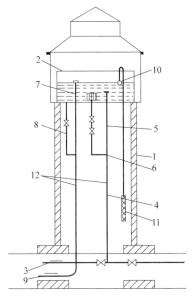

图 4-98　水塔构造

1—塔身；2—水柜；3—输水管；

4—进出水管；5—进水管；6—出水管；

7—溢流管；8—放空管；9—排水管；

10—浮球；11—水位标尺；12—伸缩接头

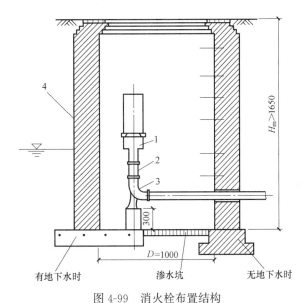

图 4-99　消火栓布置结构

1—SX100 消火栓；2—短管；3—弯头支座；4—圆形阀门

园林中有一些珍贵古迹，为确保它们安全，使游人能正常参观，必须在附近设置消火设施。消火栓在布设时要遵循以下几点：

1）消火栓的间距不应大于 120m。

2）消火栓连接管的直径不小于 100mm。

3）消火栓尽可能设在交叉口和醒目处。消火栓按规格应距建筑物不小于 5m，距车行道边不大于 2m，以便于消防车上水，并不应妨碍交通。一般情况下，常设在人行道边。

（3）阀门井

立式阀门井的构造如图 4-100 所示。其井口直径为 700mm，井壁厚为 240mm，井内阀门高度不得低于最高水位。

阀门在安装时，一般要注意以下几点：

1）配水管网中的阀门布置，应能满足事故管段的切断需要。其位置可结合连接管以及重要供水支管的节点位置确定，干管上的阀门间距一般为 500～1000mm。

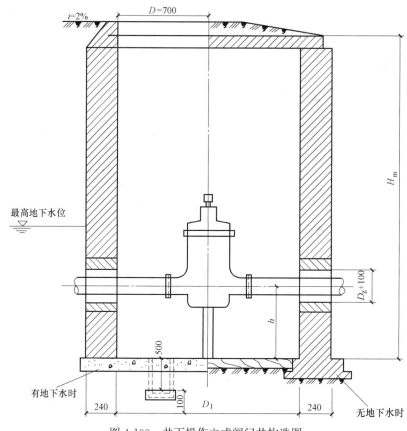

图 4-100　井下操作立式阀门井构造图

2）干管上的阀门可设在连接管的下游，以便阀门关闭时，尽可能不影响支管的供水。

3）支管和干管连接处，一般在支管上设置阀门，以使支管的检查不影响干管的供水。

2. 园林排水系统

为了排除污水，除管渠本身外，还需在管渠系统上设置某些附属构筑物。在园林绿地中，这些构筑物常见的有：雨水口、检查井、跌水井、闸门井、倒虹管、出水口等。

（1）雨水口　雨水口是在雨水管渠或合流管渠上收集雨水的构筑物。一般的雨水口，都是由基础、井身、井口、井箅几部分构成的（图 4-101）。其底部及基础可用 C15 混凝土做成，尺寸在 120mm×900mm×100mm 以上。井身、井口可用混凝土浇制，也可以用砖砌筑，砖壁厚 240mm。为了避免过快的锈蚀和保持较高的透水率，井箅应当用铸铁制作，箅条宽 15mm 左右，间距 20～30mm。雨水口的水平截面一般为矩形，长 1m 以上，宽 0.8m 以上。竖向深度一般为 1m 左右，井身内需要设置沉泥槽时，沉泥槽的深度应不小于 12cm。雨水管的管口设在井身的底部。

与雨水管或合流制干管的检查井相接时，雨水口支管与干管的水流方向以在平面上呈 60°角为好。支管的坡度一般不应小于 1％。雨水口呈水平方向设置时，井箅应略低于周围路面及地面 3cm 左右，并与路面或地面顺接，以方便雨水的汇集和泄入。

（2）检查井　检查井的功能是便于管道维护人员检查和清理管道。通常设在管渠交汇、转弯、管渠尺寸或坡度改变、跌水等处以及相隔一定距离的直线管渠段上，一般采用圆形，由井底（包括基础）、井身和井盖（包括盖底）三部分组成（图4-102）。

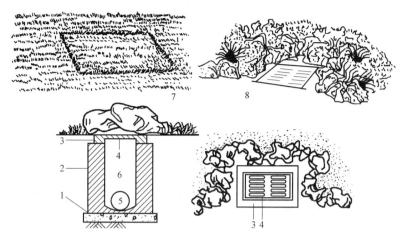

图 4-101 雨水口的构造

1—基础；2—井身；3—井口；4—井箅；5—支管；6—井室；7—草坪窨井盖；8—山石维护雨水口

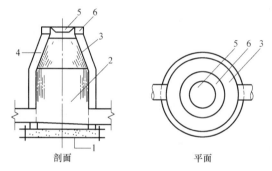

剖面   平面

图 4-102 圆形检查井的构造

1—基础；2—井室；3—肩部；4—井颈；5—井盖；6—井口

检查井的最大距离和分类见表4-4、表4-5。

检查井的最大距离   表 4-4

管别	管渠或暗渠净高(mm)	最大距离(m)
污水 管道	<500	40
	500~700	50
	800~1500	75
	>1500	100
雨水 管渠、 合流 管渠	<500	50
	500~700	60
	800~1500	100
	>1500	120

（3）跌水井 跌水井是设有消能设施的检查井。目前常用的跌水井有两种形式：竖管式（或矩形竖槽式）和溢流堰式，如图4-103、图4-104所示。前者适用于直径等于或小于400mm的管道，后者适用于400mm以上的管道。当上、下游管底标高落差小于1m时，一般只将检查井底部做成斜坡，不采取专门的跌水措施。

检查井分类表　　　　　　　　　　　表 4-5

类别		井室内径(mm)	适用管径(mm)	备注
雨水检查井	圆形	700	$D \leqslant 400$	表中检查井的设计条件为:地下水位在1m以下,地震烈度为9度以下
		1000	$D = 200 \sim 600$	
		1250	$D = 600 \sim 800$	
		1500	$D = 800 \sim 1000$	
		2000	$D = 1000 \sim 1200$	
		2500	$D = 1200 \sim 1500$	
	矩形		$D = 800 \sim 2000$	
污水检查井	圆形	700	$D \leqslant 400$	
		1000	$D = 200 \sim 600$	
		1250	$D = 600 \sim 800$	
		1500	$D = 800 \sim 1000$	
		2000	$D = 1000 \sim 1200$	
		2500	$D = 1200 \sim 1500$	
	矩形		$D = 800 \sim 2000$	

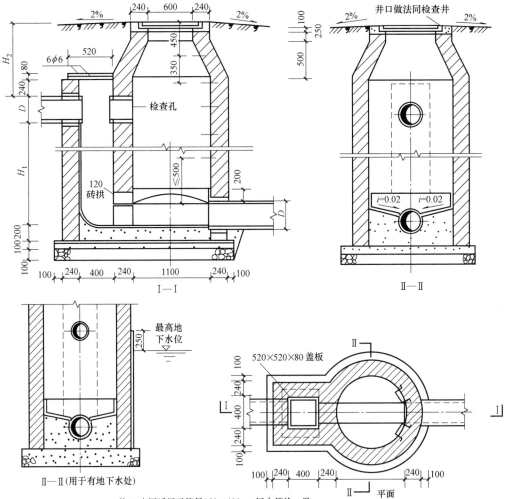

注:1.本图适用于管径150～400mm污水管线,跌落高度H_1<2000mm,H_2由设计决定;
　　2.井内检查孔直径与管径同。

图 4-103　竖管式跌水井

（4）闸门井　由于降雨或潮汐的影响，使园林水体水位增高，可能对排水管形成倒灌，或者为了防止无雨时污水对园林水体的污染，控制排水管道内水的方向与流量，就要在排水管网中或排水泵站的出口处设置闸门井。闸门井由基础、井室和井口组成。如单纯为了防止倒灌，可在闸门井内设活动拍门。活动拍门通常为铁制，圆形，只能单向开启。当排水管内无水或水位较低时，活动拍门依靠自重关闭；当水位增高后，由于水流的压力而使拍门开启。如果为了既控制污水排放，又防止倒灌，也可在闸门井内设置能够人为启闭的闸门。闸门的启闭方式可以是手动的，也可以是电动的，闸门结构比较复杂，造价也较高。

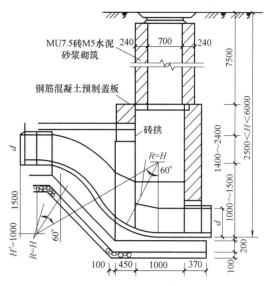

图 4-104　溢流堰式跌水井构造

（5）倒虹管　由于排水管道在园路下布置时有可能与其他管线发生交叉，而它义是一种重力自流式的管道，因此，要尽可能在管线综合中解决好交叉时管道之间的标高关系，但有时受地形所限，如遇到要穿过沟渠和地下障碍物时，排水管道就不能按照正常情况敷设，而不得不以一个下凹的折线形式从障碍物下面穿过，这段管道就成了倒置的虹吸管，即所谓的倒虹管。

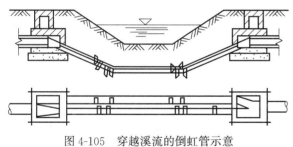

图 4-105　穿越溪流的倒虹管示意

由图 4-105 中可以看到，一般排水管网中的倒虹管是由进水井、下行管、平行管、上行管和出水井等部分构成的，倒虹管采用的最小管径为 200mm，管内流速一般为 1.2～1.5m/s，同时不得低于 0.9m/s，并应大于上游管内流速。平行管与上行管之间的夹角不应小于 150°，要保证管内的水流有较好的水力条件，以防止管内污物滞留。为了减少管内泥砂和污物淤积，可在倒虹管进水井之前的检查井内，设一沉淀槽，使部分泥砂、污物在此预沉下来。

（6）出水口　出水口是排水管渠内水流排入水体的构筑物，其形式和位置视水位、水流方向而定，管渠出水口不要淹没于水中，最好令其露在水面上。为了保护河岸或池壁及固定出水口的位置，通常在出水口和河道连接部分做护坡或挡土墙。

（7）化粪池　化粪池的井口直径一般为 700mm，井壁厚为 240mm，化粪池池壁厚为 370mm，化粪池一般有 3 个方向的进水管和 3 个方向的出水管，进水管与出水管距地面的距离为 750～2500mm。其构造如图 4-106 所示。

化粪池的位置选择：

1）为保护给水水源不受污染，池外壁距地下构筑物不应小于 30m、距建筑物外墙不宜小于 20m。

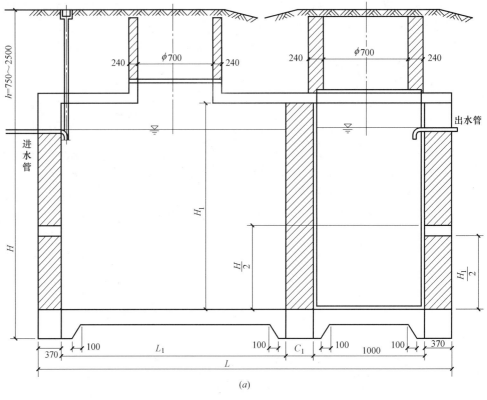

(a)

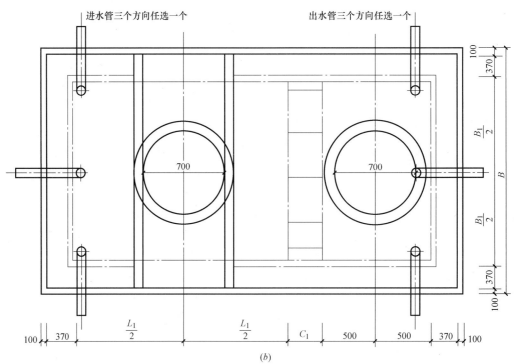

(b)

图 4-106　化粪池构造图

(a) 化粪池构造立面图；(b) 化粪池构造平面图

2) 化粪池布设在常年最多风向的下风向。

3) 地势有起伏的，则应将池设在较高处，以防降雨后灌入池内。

4) 池的进出水管应尽可能短而直，以求水流畅通和节省投资。

化粪池的大小依据建筑物的性质和最大使用人数来设计，见表4-6。

化粪池的最大使用人数 表4-6

序号	有效容积（m³）	建筑物性质及最大使用人数			
		医院、疗养院、幼儿园（有住宿）	住宅、集体宿舍、旅馆	办公楼、教学楼、工业企业生活间	公共食堂、影剧院、体育场
1	3.75	25	45	120	470
2	6.25	45	80	200	780
3	12.50	90	155	400	1600

4.6.4 给水排水施工图的内容及特点

1. 给水排水施工图的内容

给水排水施工图可分为室内给水排水施工图与室外给水排水施工图两大类，它们一般都由基本图和详图组成。基本图包括管道平面布置图、剖面图、系统轴测图（也称管道系统图）、原理图及其说明等。详图则表示各局部的详细尺寸及施工要求。

室内给水排水施工图表示建筑物内部的给水工程和排水工程，主要包括平面图、系统图和详图；而室外给水排水施工图表示一个区域或一个厂区的给水工程设施和排水工程设施，主要包括管道总平面图、纵断面图和详图。

2. 常用的给水排水图例

给水排水施工图是施工图的一个重要组成部分，是表现整个给水排水管线、设备、设施的组合安装形式，作为给水排水工程施工的依据，常用的给水排水图例见表4-7。

常用的给水排水图例 表4-7

序号	名称	图例	备注
1	生活给水管	—— J ——	—
2	热水给水管	—— RJ ——	—
3	热水回水管	—— RH ——	—
4	中水给水管	—— ZJ ——	—
5	循环冷却给水管	—— XJ ——	—
6	循环冷却回水管	—— XH ——	—
7	热媒给水管	—— RM ——	—
8	热媒回水管	—— RMH ——	—
9	蒸汽管	—— Z ——	—
10	凝结水管	—— N ——	—
11	废水管	—— F ——	可与中水原水管合用
12	压力废水管	—— YF ——	—
13	通气管	—— T ——	—

序号	名称	图例	备注
14	污水管	——— W ———	—
15	压力污水管	——— YW ———	—
16	雨水管	——— Y ———	—
17	压力雨水管	——— YY ———	—
18	虹吸雨水管	——— HY ———	—
19	膨胀管	——— PZ ———	—
20	保温管		也可用文字说明保温范围
21	伴热管		也可用文字说明保温范围
22	多孔管		—
23	地沟管		—
24	防护套管		—
25	管道立管	XL-1 平面　　XL-1 系统	X 为管道类别 L 为立管 1 为编号
26	空调凝结水管	——— KN ———	—
27	排水明沟	坡向 ——→	—
28	排水暗沟	坡向 ——→	—
29	套管伸缩器		—
30	方形伸缩器		—
31	刚性防水套管		—
32	柔性防水套管		—
33	波纹管		—
34	可曲挠橡胶接头	单球　　　双球	—
35	管道固定支架		—
36	立管检查口		—

序号	名称	图例	备注
37	清扫口	平面　　　系统	—
38	通气帽	成品　　蘑菇形	—
39	雨水斗	YD-　　YD- 平面　　　系统	—
40	排水漏斗	平面　　　系统	—
41	圆形地漏	平面　　　系统	通用。如为无水封,地漏应加存水弯
42	方形地漏	平面　　　系统	—
43	自动冲洗水箱		—
44	挡墩		—
45	减压孔板		—
46	Y 形除污器		—
47	毛发聚集器	平面　　　系统	—
48	倒流防止器		—
49	吸气阀		—
50	真空破坏器		—
51	防虫网罩		—

续表

序号	名称	图例	备注
52	金属软管		—
53	法兰连接		—
54	承插连接		—
55	活接头		—
56	管堵		—
57	法兰堵盖		—
58	盲板		
59	弯折管	高　低　　低　高	
60	管道丁字上接	高　　低	—
61	管道丁字下接	高　　低	—
62	管道交叉	低　　高	在下面和后面的管道应断开
63	偏心异径管		
64	同心异径管		
65	乙字管		
66	喇叭口		
67	转动接头		
68	S形存水弯		
69	P形存水弯		
70	90°弯头		
71	正三通		
72	TY三通		
73	斜三通		
74	正四通		
75	斜四通		

续表

序号	名称	图例	备注
76	浴盆排水管		
77	闸阀		—
78	角阀		—
79	三通阀		—
80	四通阀		—
81	截止阀		—
82	蝶阀		—
83	电动闸阀		—
84	液动闸阀		—
85	气动闸阀		—
86	电动蝶阀		—
87	液动蝶阀		—
88	气动蝶阀		—
89	减压阀		左侧为高压端
90	旋塞阀	平面 系统	—
91	底阀	平面 系统	—
92	球阀		—

续表

序号	名称	图例	备注
93	隔膜阀		—
94	气开隔膜阀		—
95	气闭隔膜阀		—
96	电动隔膜阀		—
97	温度调节阀		—
98	压力调节阀		—
99	电磁阀		—
100	止回阀		—
101	消声止回阀		—
102	持压阀		—
103	泄压阀		—
104	弹簧安全阀		左侧为通用
105	平衡锤安全阀		—
106	自动排气阀	平面　系统	—
107	浮球阀	平面　系统	—
108	水力液位控制阀	平面　系统	—

续表

序号	名称	图例	备注
109	延时自闭冲洗阀		—
110	感应式冲洗阀		—
111	吸水喇叭口	平面　系统	—
112	疏水器		
113	水嘴	平面　系统	
114	皮带水嘴	平面　系统	
115	洒水（栓）水嘴		
116	化验水嘴		
117	肘式水嘴		
118	脚踏开关水嘴		
119	混合水嘴		
120	旋转水嘴		
121	浴盆带喷头混合水嘴		
122	蹲便器脚踏开关		
123	矩形化粪池	HC	HC 为化粪池
124	隔油池	YC	YC 为隔油池代号

序号	名称	图例	备注
125	沉淀池	CC	CC 为沉淀池代号
126	降温池	JC	JC 为降温池代号
127	中和池	ZC	ZC 为中和池代号
128	雨水口（单算）		—
129	雨水口（双算）		—
130	阀门井及检查井	J-×× W-×× Y-××　　J-×× W-×× Y-××	以代号区别管道
131	水封井		—
132	跌水井		—
133	水表井		—
134	卧式水泵	平面　　系统 或	—
135	立式水泵	平面　　系统	—
136	潜水泵		—
137	定量泵		—
138	管道泵		—
139	卧室容积热交换器		—

续表

序号	名称	图例	备注
140	立式容积热交换器		—
141	快速管式热交换器		—
142	板式热交换器		—
143	开水器		—
144	喷射器		小三角为进水端
145	除垢器		—
146	水锤消除器		—
147	搅拌器		—
148	紫外线消毒器		—

3. 给水排水施工图的特点

（1）图纸严格采用统一的符号和图例。给水排水、采暖、工艺管道及设备常采用统一的图例和符号表示，这些图例、符号并不能完全反映实物的实样。因此，在阅读时，要首先熟悉常用的给水排水施工图的图例符号所代表的内容。

（2）图例较多、线条复杂。给水排水管道系统图的图例线条较多，识图时比较困难，正确的识图方法是先找出进水源、干管、支管及用水设备、排水口、污水流向、排污设施等。

（3）识图时，应将平面图和管道系统图结合起来。给水排水管道布置纵横交叉，在平面图上很难表明它们的空间走向。为了能够表明各管道的空间布置状况，常用轴测投影的方法画出管道系统的立面布置图。这种图称为管道系统轴测图，简称管道系统图。

在绘制管道系统轴测图时，要根据各层的平面布置绘制；识图时，应把平面图和系统图对照识图。

（4）图纸上要有明确给水排水施工对土建的要求。给水排水施工图与土建施工图有紧密的联系，留洞、打孔、预埋管沟等对土建的要求在图纸上要有明确的表示和注明。

4.6.5 给水排水管道平面图

图 4-107 是某环境给水排水管道平面图的部分内容。在该平面图中，给水管道的走向是从大管径到小管径。排水管道的走向则是在各检查井之间沿水流方向从高标到低标高敷设，管径是从小到大。

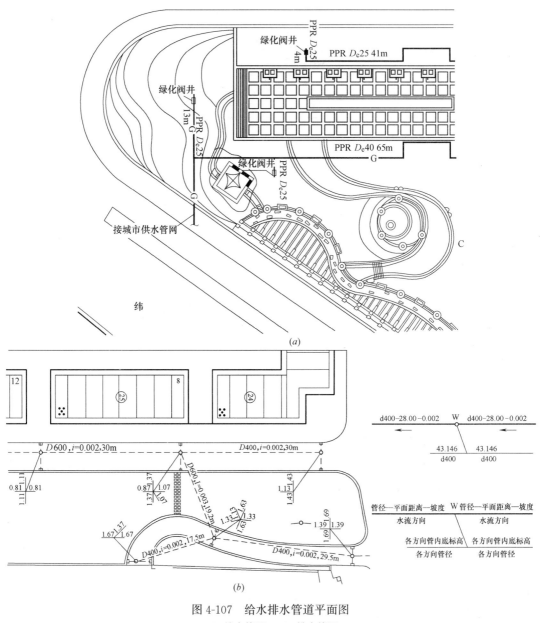

图 4-107   给水排水管道平面图
(a) 给水管网；(b) 排水管网

图 4-108 所示是跌水喷泉给水排水管道平面图，显示了喷泉水池溢流管、喷泉补水管、排水管、强排管的位置、管径和标高，阀门井、检查井的位置，水池壁、底和地面的标高，还显示了给水主、支管线的标高和连接位置以及喷头布置情况。

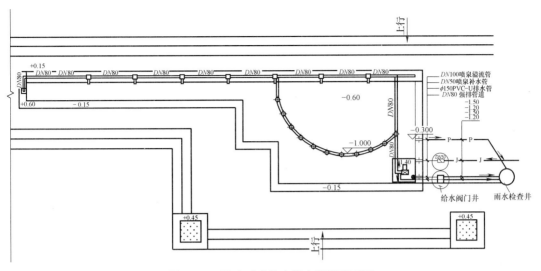

图 4-108 跌水喷泉给水排水管道平面图

4.6.6 给水排水管道系统图

系统图是用轴测投影的方法来表示给水排水管道系统的上、下层之间，前后、左右之间的空间关系的。在系统图中除注有各管径尺寸及主管编号外，还注有管道的标高和坡度。如图 4-109 所示的跌水喷泉给水排水系统图，详细表现了喷泉溢流管道口、排空管道口的标高和管径，潜水泵位置标高，各喷头的标高，主、支管线管径、标高和连接位置。

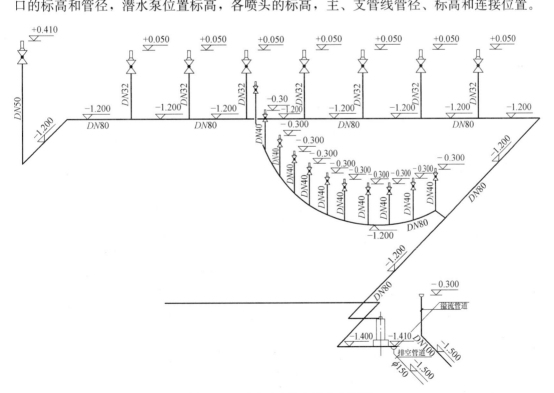

图 4-109 跌水喷泉给水排水系统图

4.6.7　给水排水管道安装详图

给水排水管道安装详图，是表明给水排水工程中某些设备或管道节点的详细构造与安装要求的大样图。

如图 4-110 所示为该给水引入管穿过基础的施工详图。图样以剖面的方法表明引入管穿越墙基础时，应预留洞口。管道安装好后，洞口空隙内应用油麻和土填实，外抹 M5 水泥砂浆，以防止室外雨水渗入。

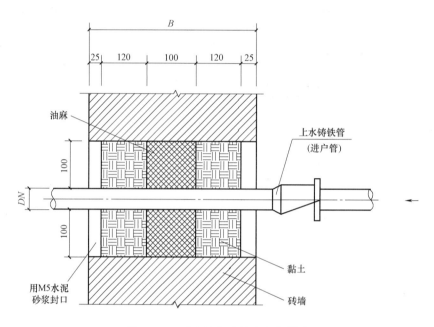

图 4-110　引入管穿过基础安装详图

4.6.8　给水排水工程施工图的识图

给水排水工程施工图主要有平面图和系统图（轴测图），看懂管道在平面图和系统图上的表示含义，是管道施工图识图的基本要求。

1. 管道在平面图上的表示

某一层楼的各种水、卫、暖管道平面图，一般要把该楼层地面以上楼板以下的所有管道都表示在该层建筑平面图上；对于底层，还要把地沟内的管道表示出来。

各种位置和走向的水、卫、暖管道在平面图上的具体表示方法是：水平管、倾斜管用其单线条水平投影表示；当几根管水平投影重合时，可以间隔一定距离并排表示；当管子交叉时，位置较高的可直线通过，位置较低的在交叉投影处要断开表示；垂直管道在图上用圆圈表示；管道在空间向上或向下拐弯时，要按具体情况表示。

2. 管道在系统图上的表示

室内管道系统图（轴测图）主要反映管道在室内的空间走向和标高位置。因为一般给水排水、采暖、煤气管道系统图是正面斜轴测图，所以左右方向的管道用水平线表示，上下走向的管道用竖线表示，前后走向的管道用 45°斜线表示。

3. 管道标高、坡度、管径的标注

管道标高符号一般在一段管子的起点或终点。标高数字对于给水、采暖管中心处相对于 ±0.000 的高度；对于排水管道常指管内底标高。标高以"m"为单位，如 3.500 表示管道比首层地面高 3.5m。

坡度符号可标在管子上方或下方，其箭头所指的一端是管子低端，一般表示为 $i＝×××$。如 $i＝0.01$ 表明管道的坡度为 1%。

管径用公称直径标注。一段管子的管径一般标在该段管子的两头，而中间不再标注，即"标两头带中间"。

4. 室内给水排水施工图平面图的识图

给水排水管道和设施的平面布置图是室内给水排水工程施工图纸中最基本和最重要的图，它主要表明给水排水管道和卫生器具等的平面布置。在该图识图时，应注意掌握以下主要内容：

（1）查明卫生器具和用水设施的类型、数量、安装位置、接管形式；

（2）弄清给水引入管和污水排出管的平面走向、位置；

（3）分别查明给水干管、排水干管、立管、横管、支管的平面位置与走向；

（4）查明水表、消火栓等的型号、安装方式。

5. 室内给水排水施工图系统图的识图

给水排水管道系统图主要表示管道系统的空间走向。在给水系统图上不画出卫生器具，只用图例符号画出水龙头、淋浴器喷头、冲洗水箱等，在排水系统图上也不画出卫生器具，只画出卫生器具下的存水弯或排水支管。系统图识图时要重点掌握下列两点：

（1）查明各部分给水管的空间走向、标高、管径尺寸及其变化情况和阀门的设置位置；

（2）查明各部分排水管的空间走向、管路分支情况、管径尺寸及其变化，以及横管坡度、管道各部分标高、存水弯形式、清通设施的设置情况。

6. 给水排水施工图详图的识图

室内给水排水工程详图主要有水表节点、卫生器具、管道支架等安装图。有的详图选用了标准图和通用图时，需查阅相应的标准图和通用图纸。

4.7　园林电气施工图

4.7.1　园林电气施工图的组成

园林电气图一般由电气外线总平面图、电气平面图、电气系统图、设备布置图、电气原理接线图和详图等组成。

（1）电气外线总平面图：它是根据公园总平面图绘制的变电所、架空线路或地下电缆位置并且注明有关施工方法的图样。

（2）电气平面图：它是表示各种电气设备与线路平面布置的图纸，是电气安装的重要依据。

（3）电气系统图：它是概括整个工程或其中某一工程的供电方案与供电方式并用单线

连结形式表示线路的图样。它比较集中地反映了电气工程的规模。

（4）设备布置图：它是表示各种电气设备的平面与空间的位置、安装方式及相互关系的图纸。

（5）电气原理接线图（或称控制原理图）：它是表示某一具体设备或系统的电气工作原理图。

（6）详图（又称大样图）：它一般采用标准图，主要表明线路敷设、灯具、电器安装及防雷接地、配电箱（板）制作和安装的详细做法及要求。

4.7.2　园林电气施工图的识图

1. 电气平面图

电气平面图是电气安装的重要依据，是将同一层内不同高度的电器设备及线路都投影到同一平面上来表示的。

平面图一般包括变配电平面图、动力平面图、照明平面图和防雷接地平面图等。照明平面图就是在公园施工平面图上绘出的电气照明分布图，图上标有电源实际进线的位置、规格、穿线管径，配电箱的位置，配电线路的走向，干支线的编号、敷设方法，开关，插座，照明器具的种类、型号、规格、安装方式和位置等。

一般照明线路的走向是电源从建筑物某处进户后，经总配电箱和分配电箱，由干线、支线连接起来，通向各用电设备。其中干线是由外线引入总配电箱及由总配电箱到分配电箱的连接线，支线是自分配电箱引至各用电设备的导线。图 4-111 所示为底层照明图。图中电源由 2 楼引入，用两根 BLX 型、耐压 500V、截面积为 $6mm^2$ 的电线，穿 VG20 塑料管沿墙暗敷，由配电箱引 3 条供电回路 N1、N2、N3 和 1 条备用回路。N1 回路照明装置有 8 套 YG 单管 $1\times40W$ 日光灯，悬挂高度距地 3m，悬吊方式为链吊，2 套 YG 双管 40W 日光灯，悬挂高度距地 3m，悬挂方式为链吊。日光灯均装有对应的开关。带接地插孔的单箱插座有 5 个。N2 回路与 N1 回路相同。N3 回路上装有 3 套 100W、2 套 60W 的大棚灯和 2 套 100W 壁灯，灯具装有相应的开关，带接地插孔的单相插座有 2 个。

2. 电气系统图

电气系统图分为电力系统图和照明系统图等。电气系统图上标有整个公园内的配电系统和容量分配情况、配电装置、导线型号、截面、敷设方式以及管径等。

图 4-112 所示为电气系统图。图中表明，进户线用 4 根 BLX 型、耐压为 500V、截面积为 $16mm^2$ 的电线从户外电杆引入。3 根相线接三刀单投胶盖切开关（规格为 HK1-30/3），然后接入 3 个插入式熔断器（规格为 RC1A-30/25）。再将 A、B、C 三相各带一根零线引到分配电盘。A 相到达底层分配电盘，通过双刀单投胶盖切开关（规格为 HK1-15/2），接入插入式熔断器（规格为 RC1A-15/15），再分 N1、N2、N3 和一个备用支路，分别通过规格为 HK1-15/2 的胶盖切开关和规格为 RC1A-10/4 的熔断器，各线路用直径为 5mm 的软塑管沿地板沿墙暗敷。管内穿 3 根截面为 $1.5mm^2$ 的铜芯线。

3. 电气详图

电气安装工程的局部安装大样、配件构造等均要用电气详图表示出来才能施工。一般的施工图不绘制电气详图，电气详图与一些具体工程的做法均参考标准图或通用图册施工。有些设计单位为避免重复作图，提高设计速度，还自行编绘了通用图集供安装施工使用。

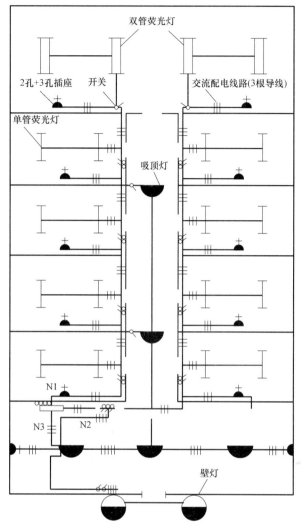

图 4-111　底层照明平面图

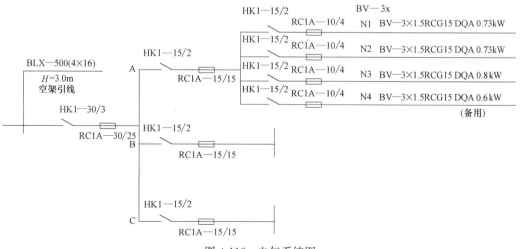

图 4-112　电气系统图

图 4-113 是两只双控开关在两处控制一盏灯的接线方法。

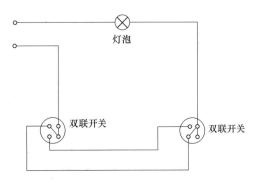

图 4-113　两只双控开关在两处控制一盏灯接线方法详图

园林工程识图实例

5.1 园林规划设计图识图实例

实例1：某森林公园规划设计图识图

某森林公园规划设计图如图5-1所示，从图中可以看出：

（1）森林公园占地面积113.3hm^2（1hm＝10000m^2）。公园设有青少年活动区，儿童活动区、野营林区、森林小兽区、水域游览区和竹林景区。

（2）景区景点的布置，因景题名或因名设置。如临黄浦江岸设"月色江声"景区；根据功能要求和意境构思，将原有河沟疏通扩大，建成湖泊、河流、池塘、溪涧等，堆土构成山峦、丘陵、缓坡、平地，高低错落、连绵起伏的山丘和缓坡既解决了公园排水，也丰富了园林空间的层次。

（3）在树种选择上，以快长树为主，并保留香樟、木兰、松柏、竹子、冬青、银杏、杨、柳等原有树木；在公园周边密植乔木混交林，起防护隔离作用并作为背景；在道路两侧和水际湖边散种单株及树丛；在平缓的草地布置疏林；在"秋林爱晚"附近广植乌桕、红枫、火炬漆、石楠等色叶树；在水岸湖边种垂柳、蒲芦；在沟浜浅水处种慈菇、水芋、菖蒲及竹林等。公园草坪全部利用原地生长的假俭草、狗牙根等草类植被，疏密有致地点缀酢浆草、野菊花等。

实例2：某市区文化公园规划设计图识图

某市区文化公园规划设计图如图5-2所示，从图中可以看出：

（1）××路入口为公园的主入口，入口花坛用抽象式手法进行重点布置，设有喷水池及大片色彩单纯的四季花坛，形式新颖。其背景由一片草地及南洋杉林衬托，成为公园中景观较为开阔的局部，人工湖中布置小岛、三角亭、曲桥、小拱桥、带有传统园林的韵味，较为宁静，回转其中有柳暗花明之趣，富有诗情画意。

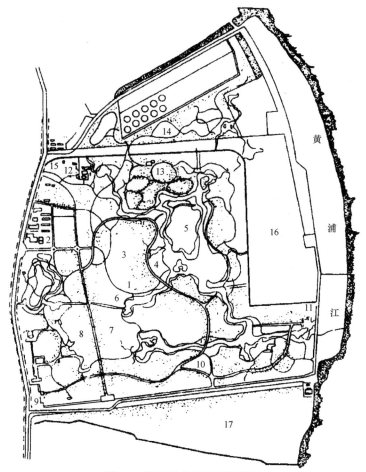

图 5-1　某森林公园规划设计图

1—北大门主入口广场；2—公园管理中心；3—野营林区；4—游船码头；5—秋林爱晚；6—绿荫茶室；

7—儿童活动区；8—青少年活动区；9—南大门主入口广场；10—人生纪念林区；11—月色江声；12—森林餐厅；

13—骑驴、骑马区；14—森林小兽区；15—边门；16—粮食局用地；17—万竹园

图 5-2　某市区文化公园规划设计图

（2）该文化公园采用自然式手法进行规划，但在局部有倾向抽象式的设计手法，园内建筑较多，规划设有露天舞台、游泳池、少年宫、综合文化厅、万寿廊等多种文化娱乐设施。道路、水体以及建筑和花坛均运用流畅曲线，而游泳池及某些建筑又采用折线，使其与人工湖取得线形的对比。整个公园外围建筑密集，因此在公园周边规划栽植乔灌木作为屏障，园内绿化以自然式为主，抽象式栽植为辅。

实例3：某游园竖向设计图识图

某游园竖向设计图如图 5-3 所示，从图中可以看出：

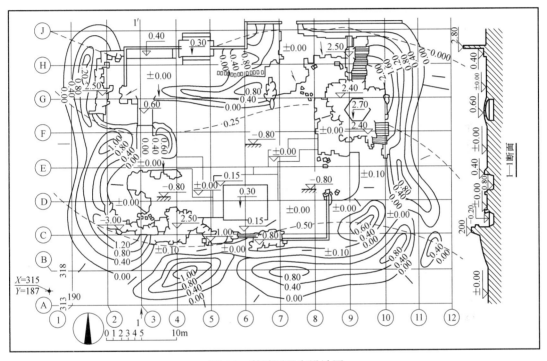

图 5-3 某游园竖向设计图

（1）该园水池居中，近方形，正常水位为 0.20m，池底平整，标高均为 −0.80m。游园的东、西、南部有坡地和土丘，高度为 0.6～2m，并以东北角为最高，从高程可见中部挖方较大，东北角填方量较大。

（2）图中，六角亭置于标高为 2.40m 的石山之上，亭内地面标高 2.70m，为全园最高景观。水榭地面标高为 0.30m，拱桥桥面最高点为 0.6m，曲桥标高为 ±0.00。园内布置假山三处，高度为 0.80～3.00m，西南角假山最高。园中道路较平坦，除南部、西部部分路面略高以外，其余均为 ±0.00。

（3）从图中可见，该园利用自然坡度排出雨水，大部分雨水流入中部水池，四周流出园外。

实例4：某游园种植设计图识图

某游园种植设计图如图 5-4 所示，表 5-1 为图 5-4 所附苗木统计表，从图中可以看出：

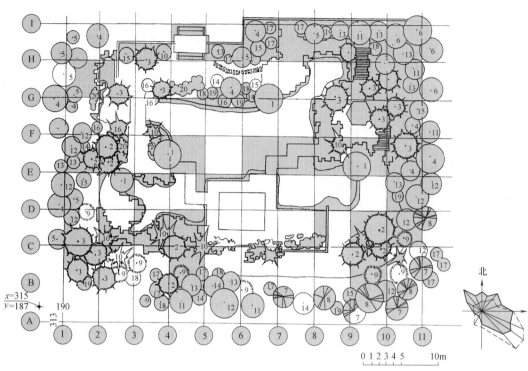

图 5-4　某游园种植设计图

某游园种植设计苗木统计表　　　　　　　　　　　　　　　　表 5-1

编号	树种	单位	数量	规格		出圃年龄	备注
				干径(cm)	高度(m)		
1	垂柳	株	4	5	—	3	—
2	白皮松	株	8	8	—	8	—
3	油松	株	14	8	—	8	—
4	五角枫	株	9	4	—	4	—
5	黄栌	株	9	4	—	4	—
6	悬铃木	株	4	4	—	4	—
7	红皮云杉	株	4	8	—	8	—
8	冷杉	株	4	10	—	10	—
9	紫杉	株	8	6	—	6	—
10	爬地柏	株	100	—	1	2	每丛10株
11	卫矛	株	5	—	1	4	—
12	银杏	株	11	5	—	5	—
13	紫丁香	株	100	—	1	3	每丛10株
14	暴马丁香	株	60	—	1	3	每丛10株
15	黄刺玫	株	56	—	1	3	每丛8株
16	连翘	株	35	—	1	3	每丛7株
17	黄杨	株	11	3	—	3	—
18	水腊	株	7	—	1	3	—
19	珍珠花	株	84	—	1	3	每丛12株

续表

编号	树种	单位	数量	规格		出圃年龄	备注
				干径(cm)	高度(m)		
20	五叶地锦	株	122	—	3	3	—
21	花卉	株	60	—	—	1	—
22	结缕草	m²	200	—	—	—	—

（1）游园周围以油松、白皮松、黄栌、银杏、五角枫等针、阔叶乔木为主，配以黄刺玫、紫丁香等灌木。

（2）西北角种植黄栌5株、五角枫2株，以观红叶。

（3）东北、西南假山处配置油松11株，与山石结合显得古拙。

（4）六角亭后配置悬铃木4株，形成高低层次。

（5）中部沿驳岸孤植垂柳4株，形成垂柳入水之势等。

（6）表5-1说明所设计的植物编号、树种名称、单位、数量、规格及出圃年龄等。

5.2　园林建筑施工图识图实例

实例5：某住宅园林施工总平面图识图

某住宅园林施工总平面图如图5-5所示，从图中可以看出：

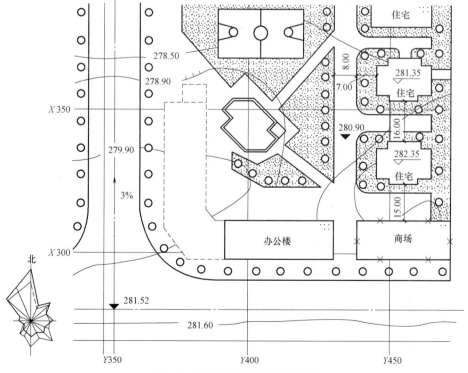

图5-5　某住宅园林施工总平面图

（1）整个建筑基地比较规整，基地南面与西面为主要交通干道，建筑群体沿红线（规划管理部门用红笔在地形图上画出的用地范围线）布置在基地四周。

（2）西、南公路交汇处有一拟建建筑的预留地，办公楼紧挨预留地布置在靠南边干道旁，办公楼东侧二层商场要拆除，新建两栋住宅楼在基地东侧。

（3）住宅楼南北朝向，3层，距南面商场15.0m，距西面的道路7.0m，两住宅楼间距16.0m。住宅楼底层室内整平标高为281.35m、282.35m，室外整平标高为280.90m。整个基地主导风向为北偏西。

（4）从图中还可看出，基地四周布置建筑，中间为绿化用地、水池、球场等，原有建筑有办公楼、商场、北面的住宅；西南角有拟建建筑的预留地，如果整个工程开工，东南角的商场建筑需拆除。

实例6：某住宅园林施工底层平面图识图

某住宅园林施工底层平面图如图5-6所示，从图中可以看出：

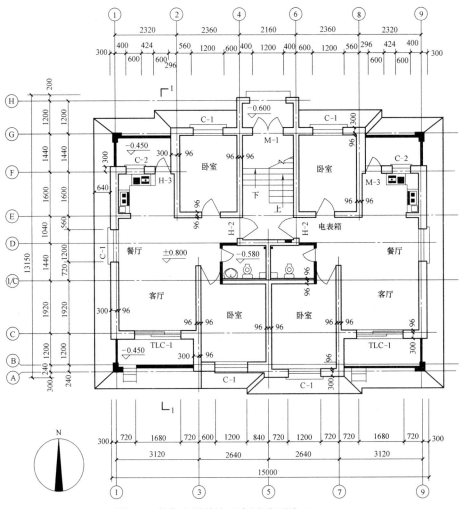

图5-6 某住宅园林施工底层平面图（1：100）

（1）该图为某住宅园林施工底层平面图，用1∶100的比例绘制的。平面形状基本上为长方形，南、北面均带有阳台。平面的下方为房屋的南向（一般取上北下南，称为坐北朝南，当朝向不是坐北朝南时，应画出指北针）。

（2）本住宅总长为15000mm，总宽为13150mm。由北向楼梯间入口，每层两户，每户有两室两厅和一间厨房和一间卫生间。卧室开间有2360mm、2640mm两种，进深有3040mm、3120mm两种。卧室的窗C-1，宽度为1200mm。楼梯入口处标高为−0.600m，即该处比底层地面低600mm。

实例7：某住宅园林施工立面图识图

某住宅园林施工立面图如图5-7所示，从图中可以看出：

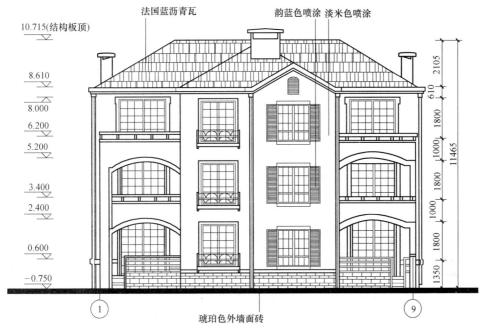

图5-7　某住宅园林施工立面图（1∶100）

（1）该立面图为南向立面图，或称正立面图，比例为1∶100。

（2）该房屋共三层，高为11.465m（即11.715＋0.750），各层窗台标高为0.600m、3.400m、6.200m。房屋的最低处（室外地坪）比室内±0.000低0.750m，最高处（结构板顶）为10.715m，檐口处为8.610m，房屋外墙总高度为9.360m（即8.610＋0.750）。

（3）从文字说明了解到此房屋外墙面装修采用淡米色喷涂、琥珀色外墙面砖、法国蓝沥青瓦、韵蓝色喷涂（窗饰），以获得良好的立面效果。

实例8：某住宅园林施工剖面图识图

某住宅园林施工剖面图如图5-8所示，从图中可以看出：

（1）该图是一个剖切平面通过阳台、厨房、餐厅、客厅剖切后向东投射所得的横剖面图。比例为1∶100。图上涂黑部分是钢筋混凝土梁（包括圈梁、门窗过梁等）。

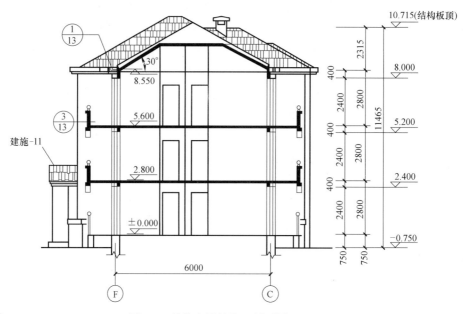

图 5-8　某住宅园林施工剖面图 （1∶100）

（2）该住宅为坡屋顶，考虑排水的需要，檐口处设排水沟。

（3）该图为横剖面图，所以在剖面图下方注有进深尺寸（即纵向轴线之间的尺寸为6000mm）。本住宅一、二、三层层高为2800mm。

（4）因图上比例较小，阳台、檐口构造标注了索引符号。

5.3　园林工程施工图识图实例

实例 9：某游园（局部）园路工程施工图

某游园（局部）园路工程施工图如图 5-9 所示，从图中可以看出：

（1）该图平面布置形式为自然式，外围环路宽度为 2.5m，混凝土路面；环路以内自然布置游步道，宽度为 1.5m，乱石路面，具体做法见断面图所示。

（2）如图道路纵断面图中的 7 号点处和越过 12 号点 10m 处，分别设置了凹形竖曲线。其中，字母 R 表示竖曲线的半径，T 表示切线长（变坡点至切点间距离），E 表示外距长（变坡点至曲线的距离），单位一律为 m。

实例 10：某圆形水池施工图识图

某圆形水池施工图如图 5-10 所示，从图中可以看出：

该圆形水池由三部分组成：中央水池、戏水池和种植池。中央水池为圆形，其内半径为 4000mm，外半径为 4400mm。戏水池和种植池呈扇形分布在圆形水池外围，水池中心至戏水池的内半径为 6400mm，外半径为 6600mm，水池中心至种植池内半径为8700mm，外半径为 8900mm。圆形水池边缘面层采用 20mm 厚花岗石铺筑，戏水池和种

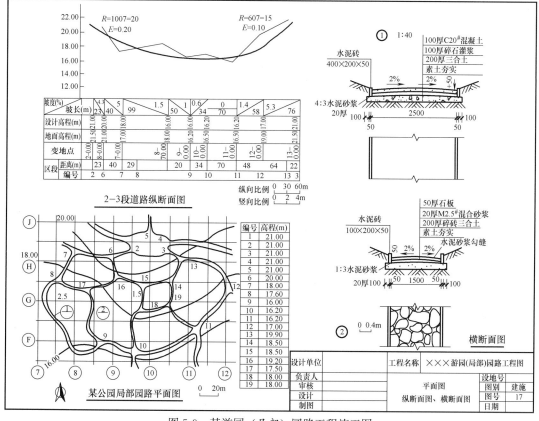

图 5-9 某游园(局部)园路工程施工图

植池边缘采用 200mm 宽、100mm×100mm 的板岩镇边。从图中还可以看出,水池设计了 7 个 R150 的装饰石球,6 个树池。B—B 剖面图和 A—A 剖面图给出了水池的施工做法,绘图比例分别为 1∶10 和 1∶20,具体尺寸已经在图中详细标注。

实例 11:某市广场喷泉三视图识图

某市广场喷泉三视图如图 5-11 所示,从图中可以看出:

(1)喷水池为矩形,长度为 30m,宽度为 8m。

(2)采用半地下式泵房,有一半嵌进水池内,门窗则设在水池外侧,以减少泵房占地,同时又使泵房成为景观组成部分,屋顶用作小水池,内设 5 个大型冰塔喷头,溅落的水流经二级跌水落进矩形水池内。

(3)在二级水池内安装 5 个涌泉喷头,以增加水量,保证水幕的连续。

(4)为增加景观层次,在矩形水池前布置一排半球形喷头 12 个,在池的两侧设计两个直径为 2.5m 的水晶绣球喷头。在水晶球后布置一排弧形直射喷头,最大喷高为 6.4m。

(5)整个喷泉设计新颖活泼,水姿层次丰富,配光和谐、得体,具有很好的造型效果。

实例 12:某游园驳岸工程施工图识图

某游园驳岸工程施工图如图 5-12 所示,从图中可以看出:

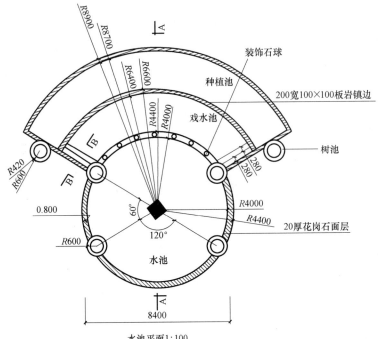

水池平面 1:100

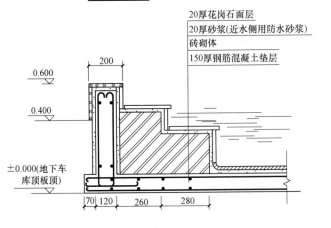

20厚花岗石面层
20厚砂浆(近水侧用防水砂浆)
砖砌体
150厚钢筋混凝土垫层

B—B 1:10

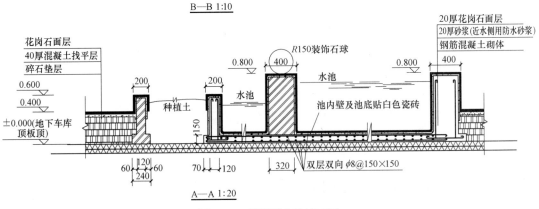

A—A 1:20

图 5-10 某圆形水池施工图

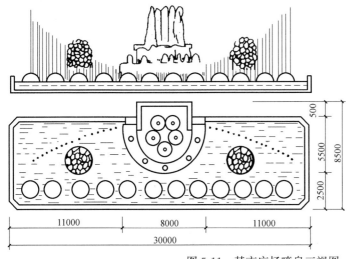
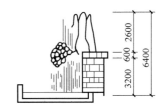

图 5-11 某市广场喷泉三视图

（1）该岸工程共划分 13 个区段，分为四种构造类型，详见断面详图，其中 1 号详图为毛石驳岸、2 号详图为条石驳岸、3 号详图为土坡与山石驳岸、4 号详图为山石驳岸。

（2）岸顶地面标高均为 -0.100m，常水位标高为 -0.500m，最高水位标高为 -0.300m，最低水位标高为 -0.900m。

（3）驳岸背水一侧填砂，以防驳岸受冻胀破坏。山石驳岸区段，景石布置要求自然曲折，高低错落，土坡驳岸区段，要造成缓坡入水、水草丛生的自然野趣。

实例 13：某游园方亭工程施工图识读

某游园方亭工程施工图如图 5-13 所示，从图中可以看出：

（1）该方亭为正方形，柱中心距为 4.00m，方柱边长为 0.18m×0.18m；台阶为 4 步，踏步面长度为 1.70m，宽度为 0.30m；座椅沿四周设置，地面为水磨石分色装饰；台座长、宽均为 5.00m，朝向为坐北朝南。

（2）由立面图、剖面图中可见，该亭为攒尖顶方亭，结构形式为钢筋混凝土结构，由柱、梁、屋顶承重。梁下饰有挂落，下部设有座椅。台座高为 ±0.000m，台下地坪标高为 -0.720m，每步台阶高为 0.18m。台座为毛石砌筑，厚度为 0.85m，虎皮石饰面。宝顶标高为 5.930m，檐口标高为 3.080m，柱高为 2.98m。

（3）由仰视图中可见，柱、梁的构造层次由下而上分别为柱、CL_1、CXL、CL_2、CJL（CL_1 表示第一道支撑梁，CXL 表示支撑斜梁，CL_2 表示第二道支撑梁、CJL 表示支撑角梁）。CL_1 外侧为双层假橼子，之上为屋檐。

（4）由 1—1 剖面详图中可见，攒尖角梁为钢筋混凝土结构，纵向为曲线形状，由水平和垂直坐标控制；上端高 0.08m，下端高 0.17m，由上而下逐渐增高，宽 0.12m（见翘角详图），上端标高为 5.030m，下端标高为 3.31m。同时，屋面板及屋脊的形状、尺寸亦可随之确定。角梁与宝顶的相对位置如图所示。

（5）由 2—2 剖面详图可见，屋面板为钢筋混凝土结构，断面呈曲线形状，由水平和垂直坐标控制；上边标高为 5.030m，厚 0.05m，下边高为 3.08m，厚为 0.10m，由上而下逐渐加厚。

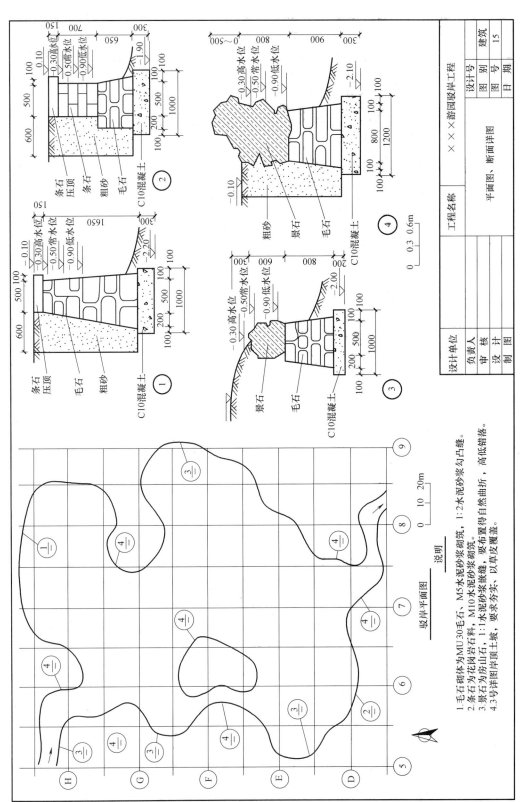

图 5-12　某游园驳岸工程施工图

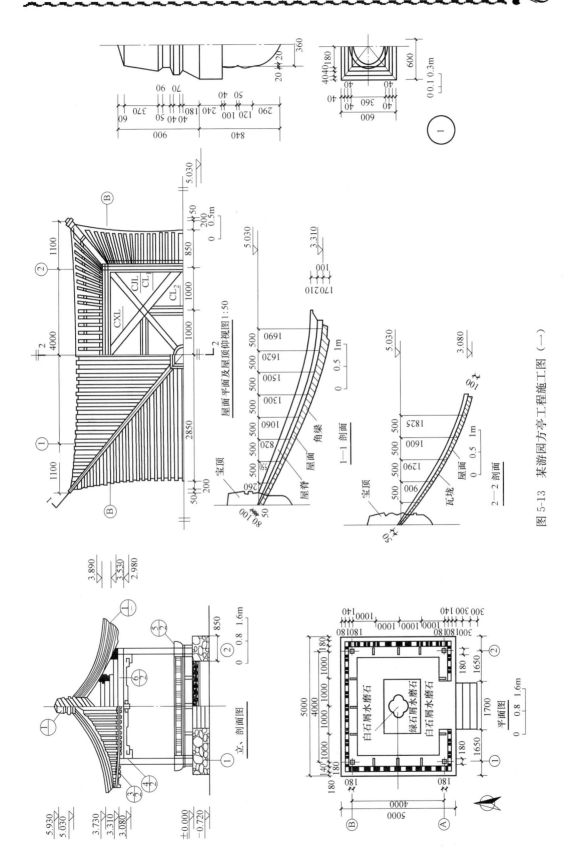

图 5-13 某游园方亭工程施工图（一）

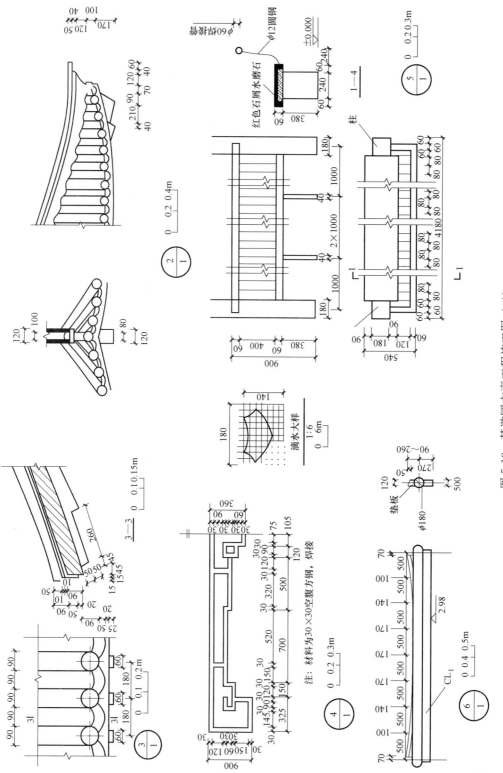

图 5-13　某游园方亭工程施工图（二）

（6）由 1 号详图可见，宝顶上部为方棱锥形，下部呈圆柱形，其上饰有环形花纹，露出屋面高度为 0.90m，其余在屋面以下。

（7）由 3 号详图可见屋檐立面的构造及做法，由上而下为瓦垄、滴水、屋面板、假椽子。滴水轮廓为曲线，尺寸如大样所示。

（8）2 号详图，表示了翘角形状以及角梁、屋面、屋脊的构造和尺寸。

（9）4 号详图，表示了挂落的形状和尺寸，挂落材料为 30mm×30mm 空腹方钢焊接而成。

（10）由 5 号详图可见，座椅设于两柱之间，座板宽 0.36m，厚 0.06m，座板与靠背之间用间距为 0.08m 的 $\phi12$ 圆钢连接，坐板由板柱支承，间距如图所示。靠背用 $\phi60$ 钢管制作，与柱连接。坐板高 0.40m，靠背高 0.90m。

（11）6 号详图是 CL_1 梁垫板详图。从图可见，垫板分别设置在 CL_1 梁的两侧。厚度自梁上部圆心算起为 0.09~0.26m，逐渐向两侧加厚，并做成向外的斜面，呈内高外低，斜面高 0.05m。从图中还可看到，CL_1 梁由下部矩形和上部圆形组成，尺寸如图所示（设置垫板的目的是控制屋面按设计曲线向两侧逐渐翘起）。

实例 14：某居住小区室外给水排水管网平面布置图识图

某居住小区室外给水排水管网平面布置图如图 5-14 所示，从图中可以看出：

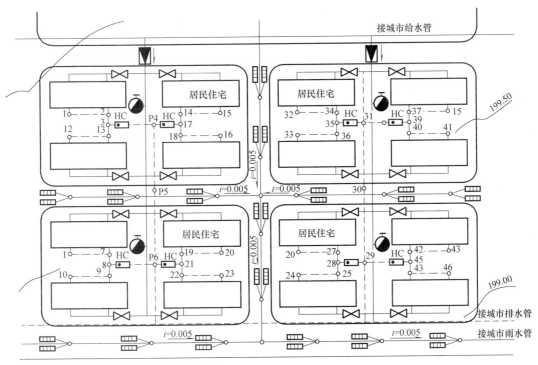

图 5-14　某居住小区室外给水排水管网平面布置图

（1）查明管路平面布置与走向。通常，给水管道用中粗实线表示，排水管道用中粗虚线表示，检查井用直径 2~3mm 的小圆表示。给水管道的走向是从大管径到小管径，与室内引水管相连；排水管道的走向则是从小管径到大管径，与检查井相连，管径是直通城市排水管道。

（2）要查看与室外给水管道相连的消火栓、水表井、阀门井的具体位置，了解给水排水管道的埋深及管径。

（3）室外排水管的起端、两管相交点和转折点均设置了检查井。排水管是重力自流管，故在小区内只能汇集于一点而向排水干管排出，并用箭头表示流水方向。从图中还可以看到，雨水管与污水管分别由两根管道排放，这种排水方式通常称为分流制。

实例 15：某居住区环境景观照明配电系统图识读

某居住区环境景观照明配电系统图如图 5-15 所示，从图中可以看出：

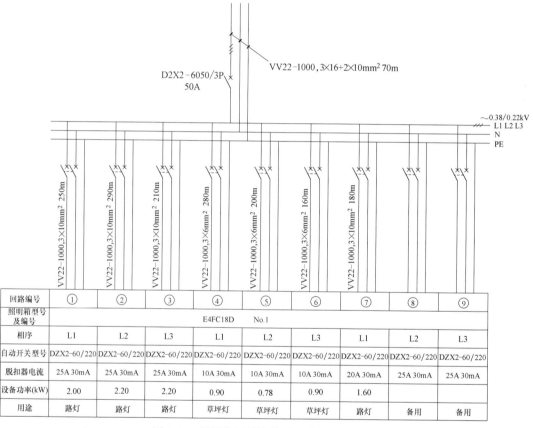

回路编号	①	②	③	④	⑤	⑥	⑦	⑧	⑨
照明箱型号及编号	E4FC18D　No.1								
相序	L1	L2	L3	L1	L2	L3	L1	L2	L3
自动开关型号	DZX2-60/220	DZX2-60/220	DZX2-60/220	DZX2-60/220	DZX2-60/220	DZX2-60/220	DZX2-60/220	DZX2-60/220	DZX2-60/220
脱扣器电流	25A 30mA	25A 30mA	25A 30mA	10A 30mA	10A 30mA	10A 30mA	20A 30mA	25A 30mA	25A 30mA
设备功率(kW)	2.00	2.20	2.20	0.90	0.78	0.90	1.60		
用途	路灯	路灯	路灯	草坪灯	草坪灯	草坪灯	路灯	备用	备用

图 5-15　某居住区环境景观照明配电系统图

（1）图中标注了配电系统的主回路和各分支回路的配电装置及用途，开关电器与导线的型号规格、导线的敷设方式、相序等。

（2）在图中，电源进线选用聚氯乙烯绝缘铠装铜芯电缆（型号 VV22-1000 $3\times16mm^2$＋$2\times10mm^2$），耐压 1000V，5 芯电缆，长度 70m，线径：3 芯线为 $16mm^2$，其余 2 芯为 $10mm^2$，其中线径为 $16mm^2$ 的 3 芯为相线（标注为 L1、L2、L3），其余 1 芯为零线（标注为 N），1 芯为保护线（PE 线，图中的虚线，连接到专用接地线）。

（3）配电箱（型号为 E4FC18D）中共安装 1 个总开关和 9 个分支回路断路器。总开关选用 DZX2-60/400 50 三相断路器（断路器又名自动空气开关）作过流保护，额定电流

50A（60 表示断路器壳架电流，即为该型断路器可选择的最大额定电流，400 代表电压等级，意为三相电路使用）。包括 4 个路灯回路、3 个草坪灯回路和 2 个备用回路等 9 个分支回路均选用 DZX2-60/220（60 表示断路器壳架电流，220 代表电压等级，意为单相电路使用）单相漏电断路器作过流和漏电保护，额定电流（脱扣器电流）见图中的表格（例：脱扣器电流 25A 30mA，表示额定电流 25A，漏电保护动作电流 30mA），各分支回路选用的电缆的型号规格及使用说明同电源进线电缆。需要说明的是，为了保证三相电流平衡，分支回路 1、4、7 接在电源 L1 相，分支回路 2、5、8 接在电源 L2 相，分支回路 3、6、9 接在电源 L3 相。

参 考 文 献

[1] 中华人民共和国住房和城乡建设部. 房屋建筑制图统一标准 GB/T 50001—2017 [S]. 北京：中国建筑工业出版社，2018.

[2] 中华人民共和国住房和城乡建设部. 总图制图标准 GB/T 50103—2010 [S]. 北京：中国计划出版社，2011.

[3] 中华人民共和国住房和城乡建设部. 建筑制图标准 GB/T 50104—2010 [S]. 北京：中国计划出版社，2011.

[4] 中华人民共和国住房和城乡建设部. 风景园林制图标准 CJJ/T 67—2015 [S]. 北京：中国建筑工业出版社，2015.

[5] 张柏. 园林工程快速识图技巧 [M]. 北京：化学工业出版社，2012.

[6] 马晓燕，冯丽. 园林制图速成与识图 [M]. 北京：化学工业出版社，2010.

[7] 周佳新. 园林工程识图 [M]. 北京：化学工业出版社，2008.

[8] 李随文，刘成达. 园林制图 [M]. 河南：黄河水利出版社，2010.

[9] 谷康，付喜娥. 园林制图与识图（第二版）[M]. 南京：东南大学出版社，2010.

[10] 周静卿，孙嘉燕. 园林工程制图 [M]. 北京：中国农业出版社，2008.

[11] 乐嘉龙，李喆，胡刚锋. 学看园林建筑施工图 [M]. 北京：中国电力出版社，2008.